Elektrotechnik für Ingenieurstudenten: Aufgabensammlung

ISBN-13: 978-1482721478

ISBN-10: 1482721473

2. Auflage

Errata siehe:

http://ebooks.webfee.net/info/books/errata.php?q=ETU2#ELU2018

Veneterstr. 23
52074 Aachen

Deutschland

Inhaltsverzeichnis

Einführung

Dieses Buch ist als Ergänzung zu den Elektrotechnik-Büchern des Autors angelegt.

Es beinhaltet zunächst einige **Übungsaufgaben**, die didaktisch in sinnvoller Reihenfolge sortiert sind.

Danach folgt eine Sammlung früherer **Klausuraufgaben**, die aus den Klausuren für Maschinenbaustudenten, Studierende der Luft- und Raumfahrttechnik sowie der Kraftfahrzeugtechnik im Studienfach Elektrotechnik stammen.

Zu den Übungsaufgaben sind alle Ergebnisse, bei den Klausuraufgaben teilweise Musterlösungen und Ergebnisse beigefügt.

Die Reihenfolge der Übungsaufgaben ist so ausgelegt, dass von Aufgabe zu Aufgabe auf zunehmendem Lehrstoff aufgebaut wird. Der entsprechende Lehrstoff ist in einer Übersicht vorher kurz aufgelistet.

Die Klausuraufgabensammlung ist thematisch nach dem derzeit verwendeten Schema in den Klausuren des Autors sortiert. Die Art der Aufgabentypen ist vor dem Aufgabenblock kurz erläutert. Innerhalb eines jeden Blocks sind jeweils zunächst die Aufgaben wiedergegeben, zu den Musterlösungen bzw. Ergebnisse beigefügt sind. Diese sollten logischerweise bei einer Klausurvorbereitung als erste behandelt werden. Bei den jeweiligen Klausuren ist angegeben, an welchem Datum unter welcher Aufgabennummer die Aufgabe ursprünglich gestellt wurde. Die Aufgabennummer kann dabei innerhalb eines Blockes unterschiedlich sein, weil insbesondere bei früheren Klausuren die Anordnung der Aufgaben nicht immer der heutigen entsprach.

Die meisten Aufgaben sind jeweils auf einer separaten Seite dargestellt, um die Übersichtlichkeit zu erhöhen und ggf. Platz für Notizen oder Lösungsansätzen zu lassen.

Übungsaufgaben

Die folgende Aufstellung stellt dar, welcher neue Stoff bei den jeweiligen Aufgaben erforderlich ist.

1   Reihen- und Parallelschaltung von Widerständen, Ersatzwiderstände

2   Ohm'sches Gesetz, Maschenregel

3   Knotenregel

4   Einsetzen von Gleichungen

5   Leistung, Nennleistung, Nennbetrieb, Schalter

6   Wirkungsgrad, Vorwiderstand

7   spezifischer Widerstand, Anschluss realer Komponenten über zwei Leitungen, Wirkungsgrad

8   Temperaturabhängigkeit von Widerständen

9   Ersatzspannungsquellen einfach

10   Ersatzspannungsquellen

11   Stromquellen

12   Messfehler bei Spannungsmessung mit Analogvoltmeter

13   Umgang mit Stromquellen und Vorzeichen

14   Auf- und Entladung eines Kondensators

15   Kondensator und Ersatzspannungsquelle

16   Laden von Induktivitäten, "Gleichspannungstransformation"

17   Addition sinusförmiger Spannungen, Übergang zur Zeigerdarstellung

18   Zeigerdiagramm zur Lösung von Wechselspannungsaufgaben

19   Wechselstromrechnung (ohne Zeigerdiagramme), Blindleistungskompensation

20   mechanische Leistung, Wirkleistung, Blindleistung, Scheinleistung, Ströme, Arbeitspreis

21   Tiefpass, Frequenzdiagramm

22   Transformator

23   Dreiphasennetz, elektrische Leistung

24   Elektrische Maschinen

Aufgabe 1

Gegeben sei eine Zusammenschaltung einiger Widerstände gemäß Bild.

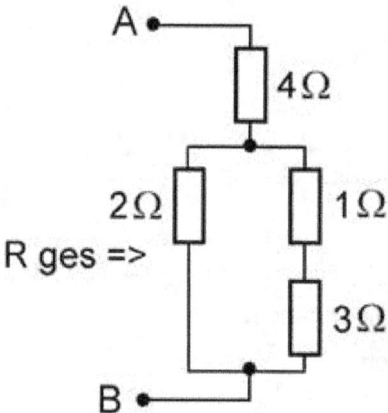

Bestimmen Sie den Gesamtwiderstand R_{ges}, der an den Klemmen A-B gemessen werden kann!

Aufgabe 2

Gegeben sei eine Schaltung nach Bild 2.

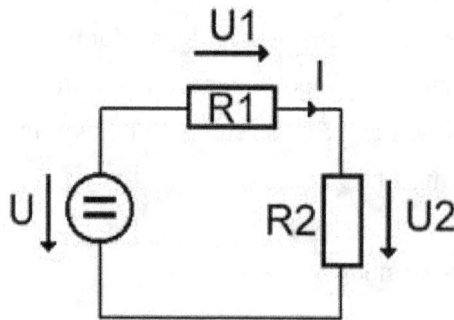

a) Gegeben sei: U = 5V, I = 1A, R_1 = 2 Ω.
    Bestimmen Sie U_2 und R_2!

b) Gegeben sei: I = 100mA, U_2 = 10V, R_1 = 5 Ω.
    Bestimmen Sie R_2 und U!

Aufgabe 3

Gegeben sei die folgende Schaltung:

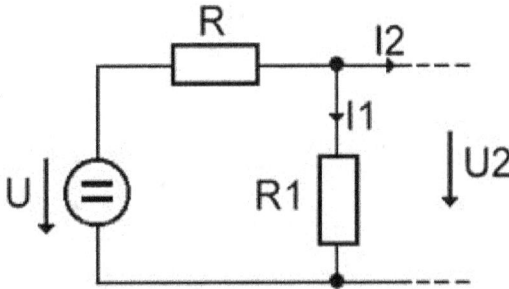

Werte: $U_2 = 5V$, $I_2 = 0,5A$, $R_1 = 2\ \Omega$, $R = 3\ \Omega$.

Bestimmen Sie U!

Aufgabe 4

Gegeben sei die Schaltung nach Bild 3 (aus Aufgabe 3). Dabei sind diesmal folgende Werte vorgegeben:

$U = 22V$, $R = 2\ \Omega$, $R_1 = 10\ \Omega$, $I_2 = 5A$.

Bestimmen Sie U_2!

Aufgabe 5

Gegeben ist eine Schaltung mit zwei Lampen gemäß der folgenden Abbildung:

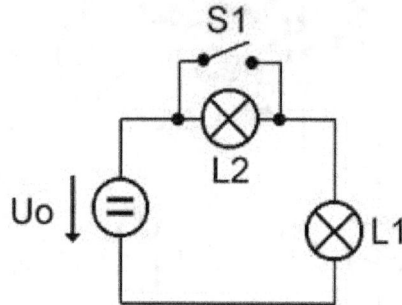

(Die Widerstände der Lampen werden ausnahmsweise als temperaturunabhängig betrachtet)

Werte: $U_0 = 6V$, Typenangaben für Lampe L_1: 6V; 2,4W, Typenangaben für Lampe L_2: 2,5V; 0,1A

a) Welcher Strom fließt, wenn Schalter S1 geschlossen ist?

b) Wird die Lampe L_2 bei Öffnen des Schalters S_1 überlastet? (Berechnen Sie hierzu die Nennleistung der Lampe L_2 und die Leistungsaufnahme der Lampe in der Schaltung!)

c) Wie muss die Spannung U_0 verändert werden, damit die Lampe L_2 mit ihrer Nennleistung betrieben wird (Schalter in geöffneter Stellung)?

d) Wie groß ist dann die Leistungsaufnahme von L_2?

Aufgabe 6

Eine 12V- Halogenlampe soll mittels Vorwiderstand an 230V betrieben werden.

a) Berechnen Sie den Wirkungsgrad!

b) Berechnen Sie die im Vorwiderstand verbrauchte Leistung, wenn die Nennleistung der Halogenlampe 50W beträgt!

Aufgabe 7

Ein 8Ω Lautsprecher ist mit einem Verstärker über ein 10m langes, zweiadriges Kupferkabel mit einer Querschnittsfläche von je 0,75mm^2 verbunden.

a) Berechnen Sie den Wirkungsgrad!
   Hinweis: spez. Widerstand von Kupfer bei 20°C: $a_{Cu} = 0,018Ω\ mm^2/m$

b) Der Verstärker gebe eine Leistung von 20W ab. Welche Leistung geht im Kabel verloren?

Aufgabe 8

Der Wolframdraht einer 230V, 60W-Birne hat eine Betriebstemperatur von 2500°C. Welchen Widerstand messen Sie bei Raumtemperatur?

Hinweis: Für Wolfram gilt: $a_{20} = 4{,}1 \cdot 10^{-3} K^{-1}$, $β_{20} = 10^{-6} K^{-2}$

Aufgabe 9

Bei einer frischen 9V Batterie wird ohne Belastung (im Leerlauf) eine Spannung von 9,2 V gemessen. Bei Entnahme von 100mA beträgt die Spannung an den Klemmen nur noch 8,6V.

a) Wie hoch ist der Innenwiderstand der Batterie?

b) Welche Klemmenspannung erwarten Sie bei einer Belastung mit einem externen Lastwiderstand von 18Ω?

Aufgabe 10

Ein Kleinspannungsmotor mit hoher Stromaufnahme für 1,5V Betrieb soll mit einer transportablen Stromquelle betrieben werden.

Jemand schaltet hierzu eine wiederaufladbare Mignon- Zelle (Akku) zu einer normalen Mignon- Zelle (Batterie) parallel, um die Strombelastbarkeit zu verbessern.

Aufgrund der unterschiedlichen Leerlaufspannungen (Akku: 1,2V, Batterie 1,5V) kommt es bereits im unbelasteten Fall zu Verlusten.

Werte: Innenwiderstand des Akku:0,7 Ω;

    Innenwiderstand der Batterie: 0,5 Ω

a) Berechnen Sie die von der Batterie abgegebene Leistung im unbelasteten Fall (Belastungswiderstand R_L -> unendlich)

b) Für welche Werte von R_L bringt die zu Hilfenahme des Akkus überhaupt einen Vorteil?

c) Berechnen Sie die Werte einer Ersatzspannungsquelle und zeichnen Sie den Verlauf der Klemmenspannung in Abhängigkeit des entnommenen Stromes!

Aufgabe 11

Gegeben sei eine Stromquelle mit den Daten: $I_0 = 0,5A$, $R_i = 100 \Omega$. Die Quelle wird belastet mit

a) $R_L = \infty \ \Omega$ (offene Klemmen)
b) $R_L = 100 \ \Omega$

Berechnen Sie jeweils die sich an den Klemmen ergebende Spannung und die abgegebene Leistung.

Aufgabe 12

Mit Hilfe eines analogen Messgerätes soll die Spannung an einer Anordnung aus Spannungsquelle und Widerstand gemäß Bild gemessen werden. Auf dem

Instrument befindet sich die Angabe: 10kΩ/Volt.

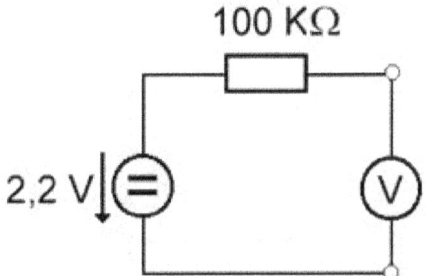

a) Welche Spannung wird im Messbereich 1V angezeigt?

b) Welche Spannung wird im Messbereich 10V angezeigt?

Diese Aufgabe zeigt, dass insbesondere bei hochohmigen Schaltkreisen die Spannungsmessung fehlerhaft sein kann.

Aufgabe 13

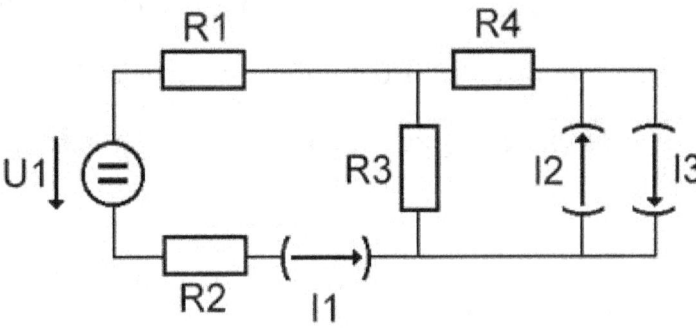

Werte: $I_1 = I_2 = I_3 = 1A$, $R_1 = R_2 = R_3 = 1\Omega$, $U_1 = 1V$

a) Berechnen Sie in der obigen Schaltung die Spannung und den Strom am Widerstand R_3!

b) Wie groß ist jeweils die Spannung an den Stromquellen?

Aufgabe 14

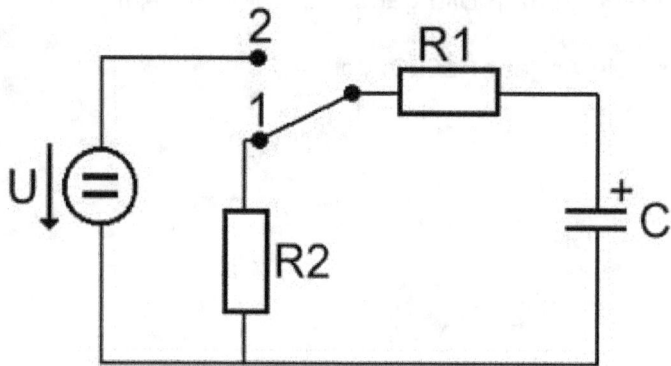

Werte: $U = 10V$, $R_1 = R_2 = 50k\Omega$, $C = 100\mu F$

Nachdem der Schalter sehr lange in Stellung 1 war wird er ab dem Zeitpunkt $t_0=0$ für 5 Sekunden in die Stellung 2 gebracht und dann zum Zeitpunkt $t_1=5s$ wieder in die Stellung 1 zurückgebracht.

a) Zeichnen Sie qualitativ den Verlauf der Spannung U_C!

b) Berechnen Sie den Wert der Spannung U_C zu einem Zeitpunkt $t_2 = 10s$!

c) Wie groß ist zu diesem Zeitpunkt der Strom durch den Schalter?

d) Welche Energie ist zu diesem Zeitpunkt noch im Kondensator gespeichert?

Aufgabe 15

Eine 9V- Batterie mit einem Innenwiderstand von 6Ω wird zum Aufladen eines Kondensators (Kapazität: $125\mu F$) verwendet. Parallel zum Kondensator liegt ein 12Ω- Widerstand.

a) Auf welche Spannung lädt sich der Kondensator nach sehr langer Zeit auf?

b) Wann hat die Spannung am Kondensator einen Wert von 5V erreicht?

(Hinweis: Nutzen Sie Ihre Kenntnis über Ersatzspannungsquellen!)

Aufgabe 16

Gegeben sei ein idealer Transformator. An der Primärseite wurde die Induktivität L_1 gemessen. Zum Zeitpunkt t=0 wird der Schalter S geschlossen.

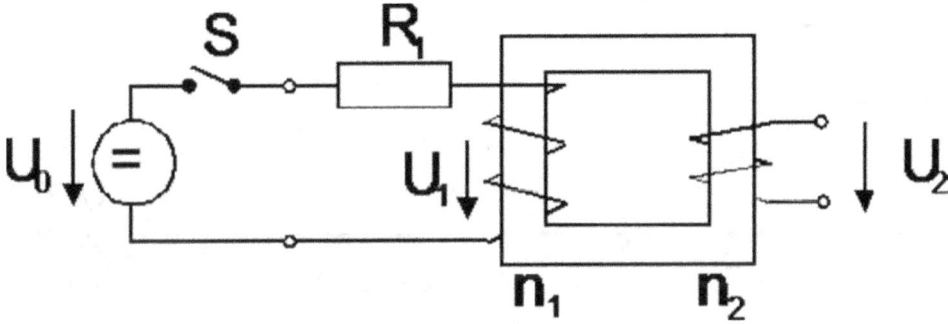

Werte: U_0 = 10V, n_1 = 300, n_2 = 150, R_1 = 10 Ω, L_1 = 10mH

Skizzieren Sie den Verlauf der Spannung U_1 sowie der Spannung U_2 mit Angabe der charakteristischen Werte der Kurve!

Ist ein Transformator zur Übertragung von Gleichspannungen geeignet?

Aufgabe 17

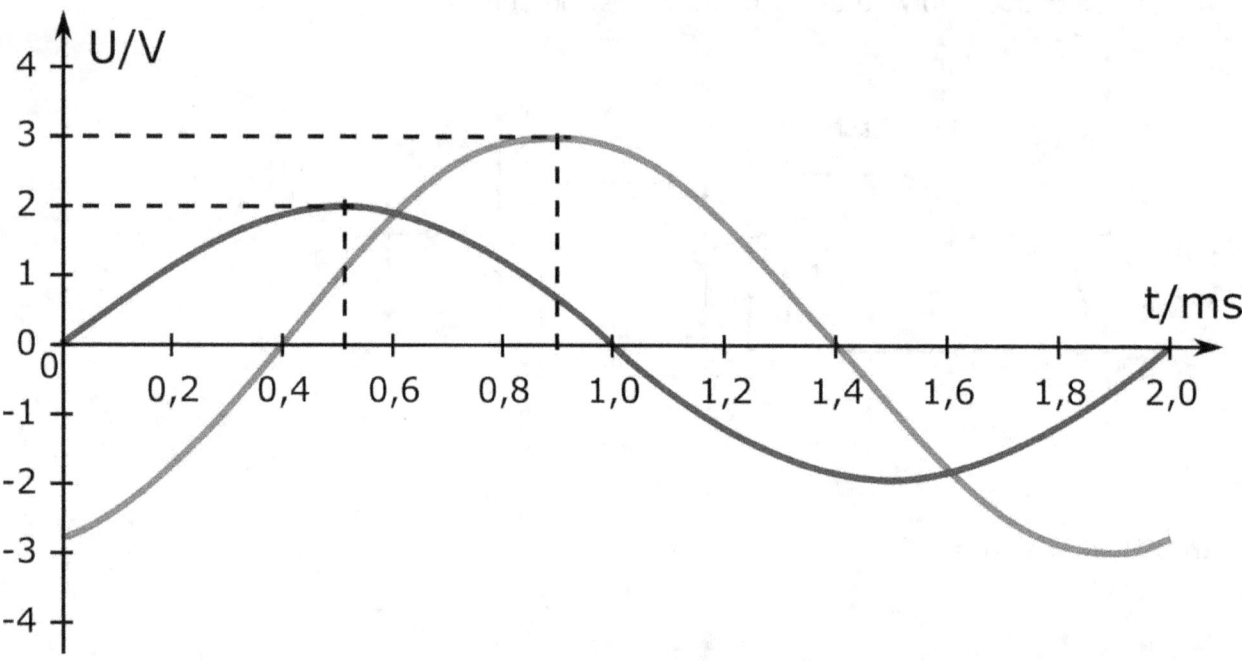

Gegeben seien zwei Spannungsquellen mit den Spannungen $u_1(t)$ und $u_2(t)$, deren Verlauf im Bild dargestellt ist. Die Spannungsquellen werden in Reihe geschaltet.

Berechnen Sie den Effektivwert der sich ergebenden Summenspannung und zeichnen Sie den Verlauf der resultierenden Spannung in das Diagramm ein! Geben Sie die Frequenz der Spannungen an!

Aufgabe 18

In der Schaltung gemäß Bild ist die Spannung U_C gegeben.

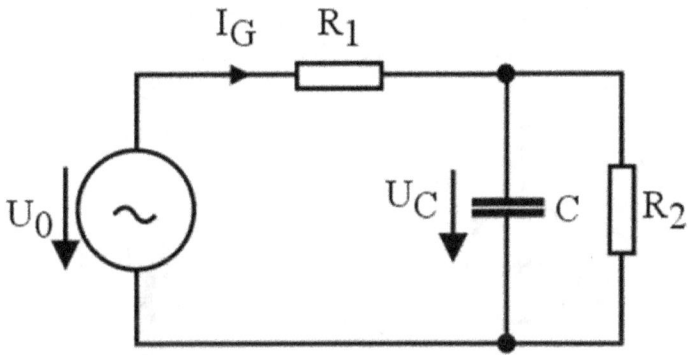

Werte: U_C = 5V, 50Hz, R_1 = 50Ω, R_2 = 100Ω, C = 16µF

a) Ermitteln Sie auf zeichnerischem Weg (Zeigerdiagramme) die Größe der Spannung U_0 und deren Phasenwinkel zum Gesamtstrom.

b) Ermitteln Sie die von der Schaltung aufgenommene Blindleistung.

c) Ermitteln Sie die von der Schaltung aufgenommene Wirkleistung.

Aufgabe 19

Im Bild ist das Ersatzschaltbild eines Motors dargestellt, bestehend aus der Wicklungsinduktivität L, dem Wicklungswiderstand R_1 und dem Wirkwiderstand R_2, der die mechanische Leistungsaufnahme repräsentieren soll.

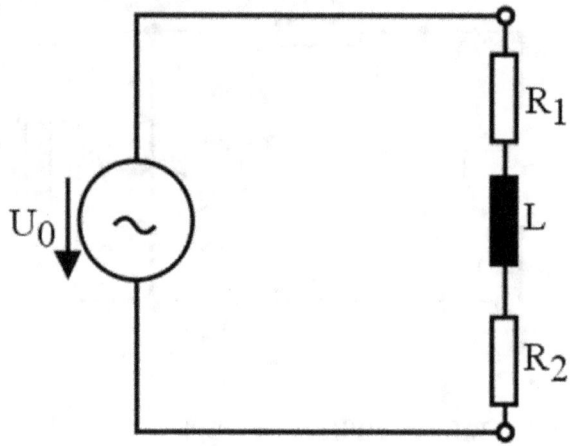

Werte: U = 230V, f = 50Hz, R_1 = 1 Ω, R_2 = 50 Ω, L = 64mH

a) Berechnen Sie die Leistungsaufnahme im Widerstand R_2 sowie die Verluste im Widerstand R_1!

b) Die Blindleistung des Verbrauchers soll durch Parallelschalten eines Kondensators kompensiert werden.

-     Berechnen Sie die Blindleistung und dann die für eine vollständige Kompensation erforderliche Kapazität!

-     Welche Spannungsfestigkeit muss der Kondensator besitzen?

-     Ändert sich die Leistungsaufnahme der Widerstände R_1 und R_2?

c) Nun soll die Blindleistung des Verbrauchers durch in Reihe schalten eines Kondensators kompensiert werden.

-     Berechnen Sie die für eine vollständige Kompensation erforderliche Kapazität.

-     Welche Spannungsfestigkeit muss der Kondensator besitzen?

-     Wie groß ist bei vollständiger (Reihen-)Kompensation durch den Kondensator die Leistungsaufnahme des Widerstandes R_1 und die Verlustleistung im Widerstand R_2?

Aufgabe 20

In einer Firma sind in einer Fertigungshalle die folgenden Komponenten an die 230V-Versorgung angeschlossen: 1 Elektromotor mit einer mechanischen Leistung von 2,2kW (cosφ = 0,82, η = 0,76), ein Heizgerät mit einer Wärmeleistung von 2kW und 30 Leucht-stofflampen je 40W mit einer Stromaufnahme von je 0,33A.

(Viele Leuchtstofflampen beinhalten zur Strombegrenzung eine Induktivität)

a) Welche Wirkleistung und welche Blindleistung wird dem Netz entnommen?

b) Welcher Strom fließt in der Zuleitung (Betrag und Phase)?

c) Wie viel muss die Firma an das EVU monatlich bezahlen, wenn der Preis für eine kWh Wirkleistung 0,15€ und für eine kvarh Blindleistung 0,02 € beträgt und die Verbraucher an 20 Tagen je 10h betrieben werden?

d) Wie würde sich das Ergebnis unter a) und b) ändern, wenn es sich um ein 3-Phasennetz handelt (gleichmäßige Verteilung auf die Phasen vorausgesetzt)?

Aufgabe 21

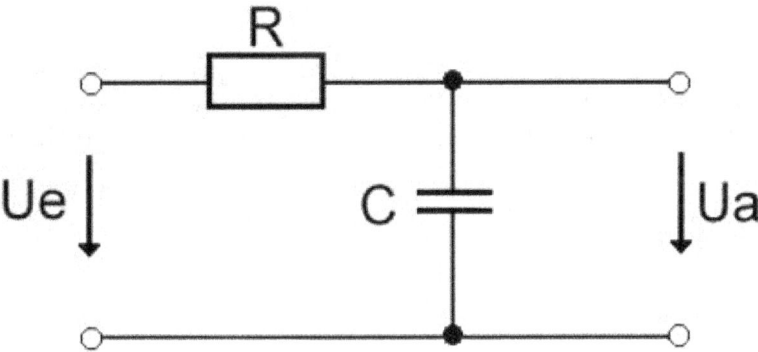

Gegeben sei die obige Schaltung aus Widerstand und Kondensator mit der Eingangsspannung U_e = 10V.

a) Wie groß ist die Spannung U_a bei der Frequenz $\omega_1 = 2\pi f_1 = 1/RC$?

b) Zeichnen Sie qualitativ den Verlauf der Spannung U_a über der Frequenz f mit Markieren des Punktes f_1!

13Aufgabe 22

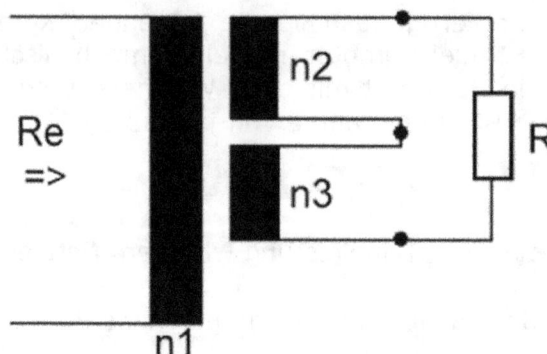

Gegeben sei ein idealer Transformator, der gemäß obigem Bild verschaltet ist. Bestimmen Sie den Eingangswiderstand der Schaltung!

$n_1 = 100$, $n_2 = 200$, $n_3 = 300$, $R = 1\ k\Omega$

Aufgabe 23

In einem 200V Dreiphasensystem eines Verkehrsflugzeuges wird bei einem symmetrischen Verbraucher ein Leistungsbedarf von 1kVA ermittelt, der sich symmetrisch auf alle Phasen verteilt. Welcher Strom fließt jeweils in den einzelnen Phasen und im Nullleiter?

Aufgabe 24

Eine dreiphasige Asynchronmaschine ist in Dreieckschaltung an ein 400V- 50Hz-Dreiphasennetz angeschlossen. Die Maschine wird mit einem Moment von 10Nm belastet. Gegeben sei die Kennlinie der Maschine sowie der cosφ=0,8.

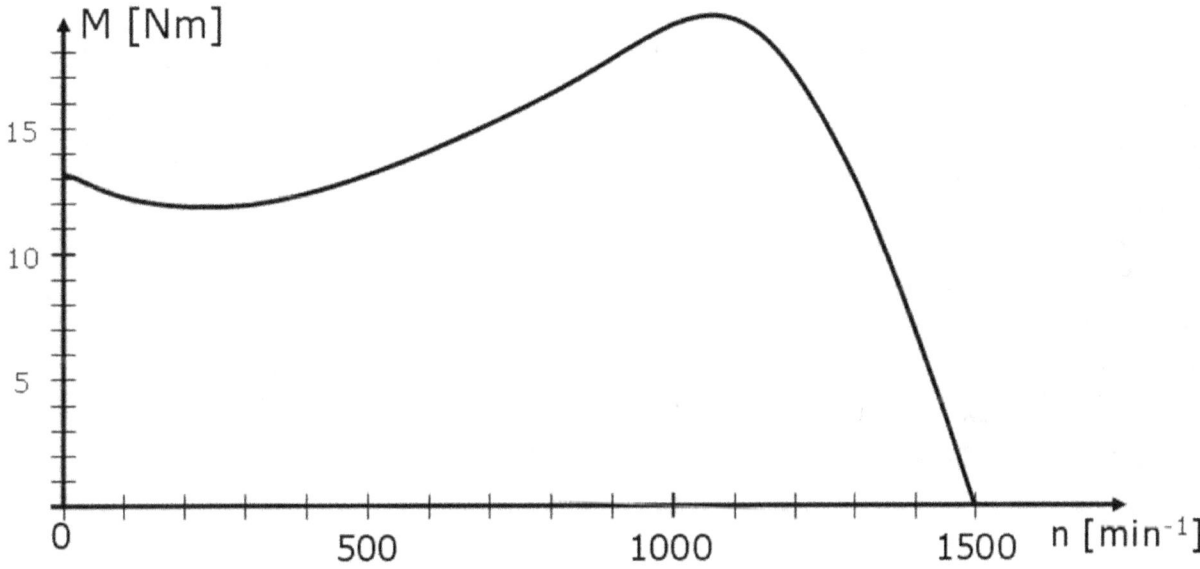

Ermitteln Sie die folgenden Größen:

  a)   Drehzahl der Maschine

  b)   Schlupf

  c)   Mechanische Leistung der Maschine

  d)   Elektrische Wirkleistungsaufnahme der Maschine

  e)   den Wirkungsgrad

  f)   Strom in den Phasenleitern

  g)   Polpaarzahl der Maschine

Ergebnisse der Übungsaufgaben:

1) $R = 5,33$ Ohm
2) a) $U_2 = 3V$, $R_2 = 3$ Ohm
   b) $R_2 = 100$ Ohm, $U = 10,5$ V
3) $U = 14$ V
4) $U_2 = 10V$
5) a) 0,4A
   b) ja: $P_2 = 0,56$ W ist größer als P_{2Nenn} mit 0,25W
   c) $U_0 = 4V$
   d) $P_2 = 0,25W$
6) a) 5,2%
   b) 908W also untaugliches Prinzip!
7) a) 94,3%
   b) 1,1W
8) $R = 50,7$ Ohm
9) a) 6Ω, b) 6,9 V
10) a) 344mW
    b) R_L muss kleiner als 2 Ohm sein
    c) $U_0 = 1,375$ V, $R_i = 0,29$ Ohm, ($I_k = 4,74$ A)
11) a) $U_{KL} = 50V$, $P_a = 0$
    b) $U_{KL} = 25V$, $P_a = 6,25W$
12) a) 0,2V
    b) 1,1V
13) $U_3 = 1V$, $I_3 = 1A$, $U(I_1) = 4V$, $U(I_2,I_3) = 1V$
14) b) 3,8V,
    c) 38uA
    d) 0,73mWs
15) a) 6V, b) 0,9ms
16) Zeichnung: zwei abfallende e-Fkt, für $u_1(t)$ beginnend bei 10V und für $u_2(t)$ beginnend bei 5V, nach 1ms abgefallen auf 3,7V bzw. 1,8V. Ist nicht für Gleichspannungen geeignet
17) $U_{eff} = 2,9V$, $f = 500Hz$
18) a) 7,6V, 17°
    b) $Q = 125mW$
    c) $P = 0,4W$
19) a) $P(R_1) = 17,6W$, $P(R_2) = 882W$
    b) 353var, 21uF, >326V, nein
    c) 160uF, >127V, $P(R_1) = 20,25W$, $P(R_2) = 1,01kW$
20) a) 6,1kW, 4kvar
    b) 31,7A, 33°
    c) 199 €
    d) keine Änderung der Leistungen, Strom: 10,6 A
21) 7,1V
22) 40 Ohm
23) je 2,9A, Null im Nulleiter
24) a) $n = 1350min^{-1}$
    b) $s = 0,1$ (10%)
    c) $P_{Mech} = 1413W$
    d) $P = 1570W$
    e) $\eta = 90\%$
    f) $I = 2,8A$
    g) $p = 2$

Klausuraufgaben

Einführung

Die Art der Aufgabentypen ist im Folgenden kurz erläutert. Innerhalb eines jeden Blocks sind jeweils zunächst die Aufgaben wiedergegeben, zu den Musterlösungen bzw. Ergebnisse beigefügt sind. Diese sollten logischerweise bei einer Klausurvorbereitung als erste behandelt werden. Bei den jeweiligen Klausuren ist angegeben, an welchem Datum unter welcher Aufgabennummer die Aufgabe ursprünglich gestellt wurde. Die Aufgabennummer kann dabei innerhalb eines Blockes unterschiedlich sein, weil insbesondere bei früheren Klausuren die Anordnung der Aufgaben nicht immer der heutigen entsprach.

Aufgabe 0

Diese Aufgabe ist ganz einfach zu lösen. Sie müssen nur folgendes richtig machen: Lösen Sie die Aufgaben möglichst **auf dem Aufgabenblatt** und wenn dort kein Platz mehr ist auf der Rückseite des jeweils *davorliegenden* Blattes. **Benutzen Sie kein eigenes Papier!** Kennzeichnen Sie jede Lösungsseite mit der Aufgabennummer, zu der die Lösung gehört. Tragen Sie Name und Matrikelnummer ein. Trennen Sie die Blätter nicht! Belassen Sie die Blätter in der richtigen Reihenfolge. Benutzen Sie keinen Rotstift!

Die vollständige Lösung dieser Aufgabe bringt Ihnen 2 Punkte!

Aufgabe 1

Diese Aufgabe behandelt die grundsätzlichen Gesetze der Elektrotechnik in Form einfacher Schaltungen. Meist sind Ströme und Spannungen in einfachen Netzen zu berechnen. Teilweise ist die Kenntnis der Spannungsteilerregel hilfreich, jedoch nicht unbedingt erforderlich. Auch die Berechnung von Widerständen oder Leistungen sind oft enthalten.

Diese Aufgabe ist als "Aufwärmer" gedacht und meist recht einfach zu lösen.

Aufgabe 2

Meistens behandelt die Aufgabe 2 das Zeitverhalten von einfachen Kondensator- oder Spulenschaltungen (Auf-/Entladen) sowie teilweise auch das Temperaturverhalten von Widerständen.

Aufgabe 3

Strom- und Spannungsquellen sind zu einem Netzwerk meist mit nur zwei Ausgangsklemmen verschaltet. Leerlaufspannung und Kurzschlussstrom bezüglich dieser Klemmen sind zu ermitteln und die Elemente einer Ersatzspannungsquelle zu ermitteln, die das gleiche Verhalten bezüglich der Klemmen aufweist wie die in der Aufgabe vorgegebene Schaltung.

Häufig können derartige Schaltungen sehr schnell analysiert werden, wenn man diese Aufgaben gut geübt hat. Oft haben einige der in der Schaltung dargestellten Elemente gar keinen Einfluss auf die Ergebnisse. Bei falschen Ergebnissen bleiben aufgrund des Punkteabzuges von den wenigen Punkten der Einzellösungen keine Punkte mehr übrig.

Aufgabe 4

Ein Widerstandsnetzwerk soll in unterschiedlichen Konfigurationen jeweils durch einen einzigen Widerstand ersetzt werden. Die drei verschiedenen Konfigurationen ergeben bei richtiger Lösung meist je 3 Punkte. Auch hier gilt, dass bei schon einem gravierenden Fehler kein Punkt mehr in diesem Unterpunkt mehr übrig bleibt.

Bei dieser Aufgabe sollten Sie möglichst keine Rundungen vornehmen und das Ergebnis möglichst genau angeben, damit eine Überprüfung der Ergebnisse leichter möglich ist.

Aufgabe 5

Hier werden Wechselspannungssysteme behandelt. Meist ist eine Lösung mit Hilfe von Zeigerdiagrammen gefordert. Für diese Diagramme gibt es dann je nach Schwierigkeitsgrad je 2-3 Punkte. Für die korrekte Ermittlung eines Zwischenergebnisses lediglich je einen Punkt.

Aufgabe 6

In dieser Aufgabe werden verschiedenste Themen behandelt. Es können Themen sein, wie in Aufgabe 2, aber auch Themen aus der Wechselspannungstechnik inklusive Transformatoren und Dreiphasensysteme sowie Elektrische Maschinen..

Auch können hier Muliple Choice- Aufgaben gestellt sein, die Fragen aus allen Bereichen behandeln können. Diese sind dann normalerweise ohne Berechnung zu lösen.

Grundsätzliches zur Punkteverteilung:

Für einen (wesentlichen, zielführenden) Rechenschritt (Zwischenergebnis) gibt es meist 1 bis 2 Punkte. Bei Aufgabe 5 meist jedoch nur einen Punkt.

Bei den älteren Klausuren lag die Gesamtpunktzahl teilweise höher. Deshalb sind die älteren Aufgaben teilweise mit recht hohen Einzelpunkten versehen.

Bevor es nun losgeht mit den eigentlichen Klausuren, folgt zunächst ein Musterdeckblatt, aus dem Hinweise zur Lösung der Klausuren hervorgehen. Sie sollten allerdings das Deckblatt der Klausur, die Sie mitschreiben durchlesen, es könnte sich ja etwas an den Richtlinien geändert haben.

Musterdeckblatt

Name, Vorname: _____   Matr.Nr.: _____

Klausur "Elektrotechnik"

61107/61407

am 24.12.2015

Aufg.	P_{max}	P
0	2	
1	10	
2	10	
3	10	
4	9	
5	18	
6	7	
Σ	66	
N		

Hinweise zur Klausur:

Die zur Verfügung stehende Zeit beträgt 1,5 h.

Zugelassene Hilfsmittel sind:

- Beliebiger Taschenrechner
- Formelsammlung auf maximal einem DIN A4- Blatt (beidseitig)

Bitte lösen Sie die Aufgaben möglichst **auf dem Aufgabenblatt** oder auf der Rückseite des jeweils *davorliegenden* Blattes. **Benutzen Sie kein eigenes Papier (auch nicht als Schmierpapier)! Die Benutzung von eigenem Papier gilt als Täuschungsversuch!** Auch die Benutzung von Handys in jeglicher Form gilt als Täuschungsversuch.

Kennzeichnen Sie jede Lösungsseite mit der Aufgabennummer, zu der die Lösung gehört. Zusätzliche Lösungsblätter sind nicht zugelassen!

Kontrollieren Sie zunächst, ob alle Aufgaben in leserlicher Form vorhanden sind. Tragen Sie Name und Matrikelnummer ein.

Tipp: Die Bearbeitung der Aufgaben in der gestellten Reihenfolge ist nicht notwendig; beginnen Sie doch einfach mit einer Aufgabe, die Sie gut lösen können!

Und nun wünsche ich Ihnen guten Erfolg!

Ihr

Aufgabe 1 (Klausur 15.03.1999)   11 Punkte

Gegeben ist die folgende Schaltung aus einer Spannungsquelle und vier Widerständen. Die Widerstandswerte sind bekannt, ebenso die Spannung U_G.

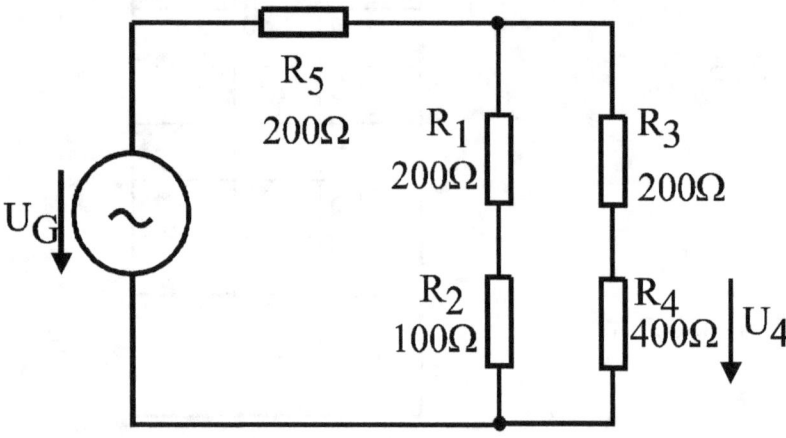

Werte: $U_G = 10V$

a) Wie groß ist der von der Spannungsquelle abgegebene Strom?

b) Welche Spannung U_5 fällt am Widerstand R_5 ab?

c) Wie groß ist der Spannungsabfall U_4 an R_4?

d) Welche Leistung nimmt der Widerstand R_3 auf?

Klausurlösung als Podcast Tutorial:

http://books.webfee.net/Klausuren/Wink/Aufgabe1a.htm

Aufgabe 1 (Klausur 10.07.1996)   11 Punkte

Gegeben ist die folgende Schaltung wobei am Widerstand R_4 eine Spannung von 4V gemessen wurde.

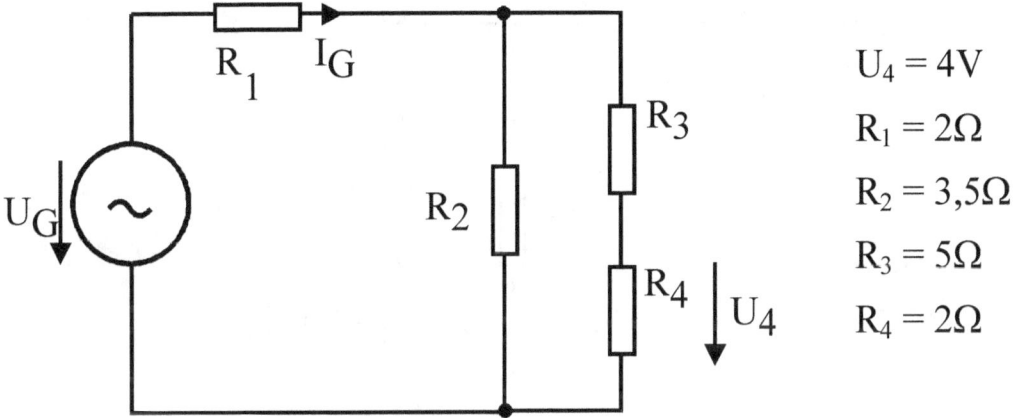

$$U_4 = 4V$$
$$R_1 = 2\Omega$$
$$R_2 = 3{,}5\Omega$$
$$R_3 = 5\Omega$$
$$R_4 = 2\Omega$$

a) Bestimmen Sie den von der Spannungsquelle abgegebenen Gesamtstrom I_G!

b) Bestimmen Sie die von der Spannungsquelle abgegebene Leistung!

Lösung:

a) $I_4 = U_4/R_4 = 4V/2Ohm = 2A$
   $U_3 = I_4 \cdot R_3 = 2A \cdot 5Ohm = 10V$
   $U_2 = U_3 + U_4 = 14V$
   $I_2 = U_2/R_3 = 14V/3{,}5Ohm = 4A$
   $I_G = I_2 + I_4 = 6A$

b) $U_1 = R_1 \cdot I_G = 2Ohm \cdot 6A = 12V$
   $\Rightarrow U_G = 12V + 14V = 26V$
   $P = U_G \cdot I_G = 6A \cdot 26V = 156W$

Aufgabe 1 (Klausur 02.10.1996)   13 Punkte

Gegeben ist die folgende Schaltung wobei am Widerstand R_4 eine Spannung von 4V gemessen wurde.

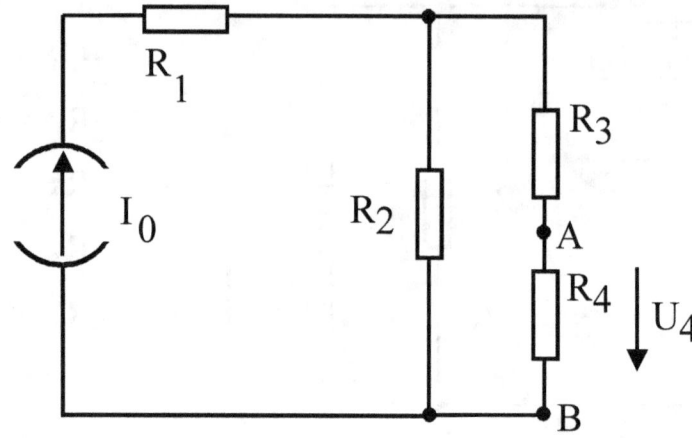

Werte: U4 = 4V, R_1 = 2Ω, R_2 = 3,5Ω, R_3 = 5Ω, R_4 = 2Ω

a) Bestimmen Sie den von der Stromquelle abgegebenen Strom I_0!

b) Bestimmen Sie die von der Stromquelle abgegebene Leistung!

c) Ermitteln Sie die Werte U_0 und R_i einer Ersatzspannungsquelle, die bezüglich der Klemmen A und B das gleiche Verhalten aufweist, wie die obige Schaltung!

Lösung:

a) $I_4 = U_4/R_4 = 4V/2Ω = 2A$

       $U_3 = R_3 \cdot I_4 = 5Ω*2A = 10V$

       $I_2 = (U_3 + U_4)/R_2 = 14V/3,5Ω = 4A$

       $I_0 = 6A$

b) $U_0 = U_2 + R_1*I_0 = 14V + 12V = 26V$

       $P = U_0*I_0 = 26V*6A = 156W$

c) $U_0 = U_4 = 4V$

       $R_i = R_4||(R_3 + R_2) = 2*8,5Ω/(2+8,5) = (17/10,5)Ω = 1,62Ω$

       $(I_K = 2,45A)$

Aufgabe 1 (Klausur 10.07.2007)   9 Punkte

Gegeben ist die folgende Schaltung bestehend aus einer Spannungsquelle und drei Widerständen. Die Spannung U_0 sei bekannt.

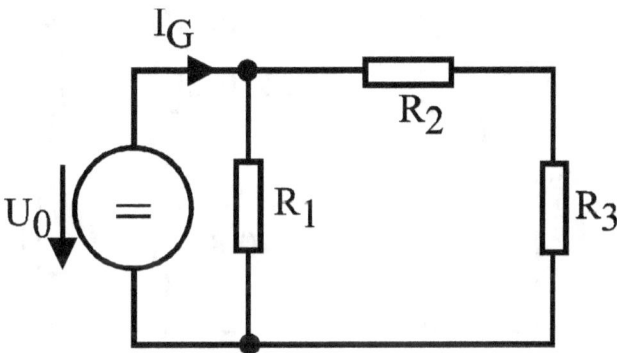

Werte: $U_0 = 20V$, $R_1 = 5\ \Omega$, $R_2 = 4\ \Omega$, $R_3 = 6\ \Omega$

a) Wie groß ist der Gesamtstrom I_G?

b) Bestimmen Sie die Spannung U_2 am Widerstand R_2.

c) Welche Leistung nimmt der Widerstand R_3 auf?

Lösung:

a) $R_G = R_1 \,||\, (R_2 + R_3) = 3{,}33\Omega$ ④

$$I_G = \frac{U_0}{R_G} = 6A$$

b) $I_2 = \dfrac{U_0}{R_2 + R_3} = \dfrac{20V}{10\Omega} = 2A, \quad U_2 = R_2 \cdot I_2 = 4\Omega \cdot 2A = 8V$ ②

c) $P_3 = I_2^2 \cdot R_3 = (2A)^2 \cdot 6\Omega = 24W$ ③

Aufgabe 1 (Klausur 14.03.1997)   10 Punkte

Gegeben ist die folgende Schaltung:

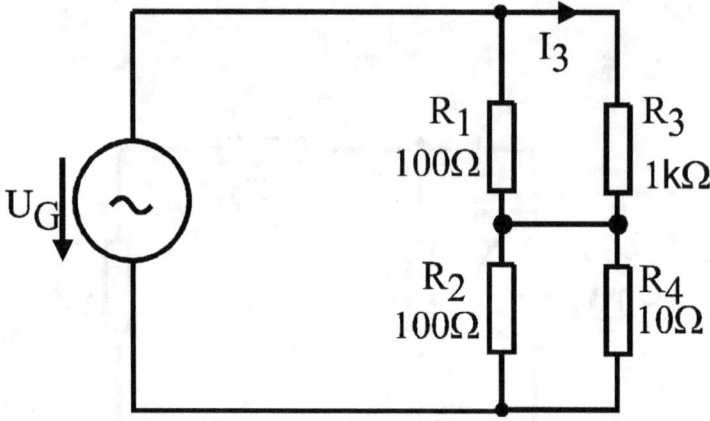

Werte: $I_3 = 20mA$, $R_1 = 100\Omega$, $R_2 = 100\Omega$, $R_3 = 1k\Omega$, $R_4 = 10\Omega$

a) Bestimmen Sie die Spannung U_G!

b) Berechnen Sie die im Widerstand R_4 aufgenommene Leistung!

Ergebnisse:

a) $U_G = 22$ V

b) $P_4 = 0,4$ W

Aufgabe 1 (Klausur 25.09.1997)   11 Punkte

Gegeben ist die folgende Schaltung:

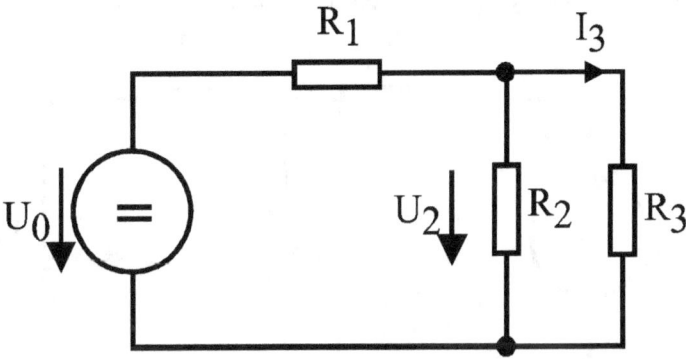

Werte: $I_3 = 100mA$, $R_1 = 10\Omega$, $R_2 = 30\Omega$, $U_2 = 6V$

a) Bestimmen Sie den Wert des Widerstandes R_3!

b) Wie groß ist die Spannung U_0?

c) Welche Leistung liefert die Quelle U_0?

d) Berechnen Sie die im Widerstand R_1 aufgenommene Leistung!

Ergebnisse:

a) 60Ω

b) 9V

c) 2,7W

d) 0,9W

Aufgabe 1 (Klausur 24.09.1998)   9 Punkte

Gegeben ist die folgende Schaltung, in der eine Spannungsquelle (U_0=5V) an eine Schaltung aus drei Widerständen angeschlossen ist. Der Widerstand R_1 wird von einem Strom I_G=1A durchflossen.

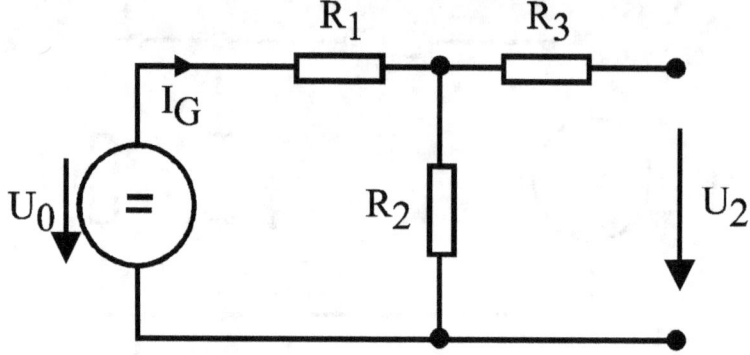

Werte: $U_0 = 5V$, $R_1 = 2\Omega$, $R_3 = 1\Omega$, $I_G = 1A$

a) Wie groß ist der Spannungsabfall an R_1?

b) Wie groß ist die Spannung U_2?

c) Bestimmen Sie den Wert des Widerstandes R_2

d) Wie groß ist die von der gesamten Schaltung aufgenommene Leistung?

e) Welche Leistung nimmt der Widerstand R_3 auf?

Ergebnisse:

a) $U_1 = 2V$

b) $U_2 = 3V$

c) $R_2 = 3$ Ohm

d) $P = 5W$

e)   keine ($P = 0$)

Aufgabe 1 (Klausur 05.02.1996)   10 Punkte

In der Schaltung gemäß Bild 1 ist der Strom I_2 durch den Widerstand R_2 gegeben.

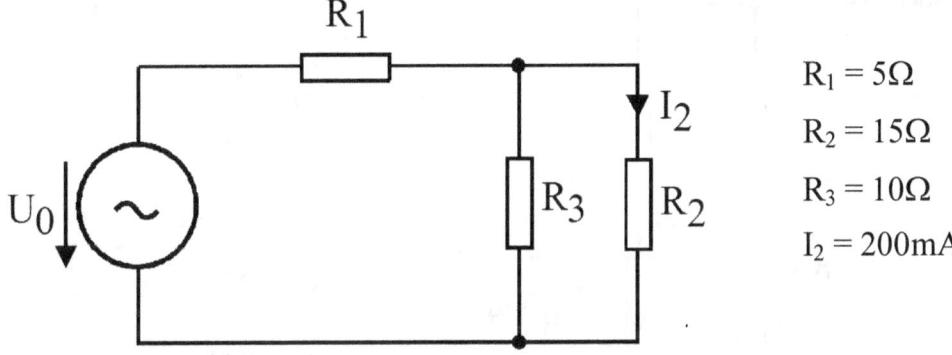

$R_1 = 5\Omega$

$R_2 = 15\Omega$

$R_3 = 10\Omega$

$I_2 = 200mA$

Bild 1

a) Berechnen Sie die Spannung U_0 der Spannungsquelle!

b) Berechnen Sie die vom Widerstand R1 aufgenommene Leistung!

Ergebnisse:

a) $U_0 = 5,5V$

b) $P(R1) = 1,25W$

Aufgabe 1 (Klausur 22.03.1996)   12 Punkte

Gegeben ist die folgende Schaltung wobei am Widerstand R_4 eine Spannung von 0,4V gemessen wurde.

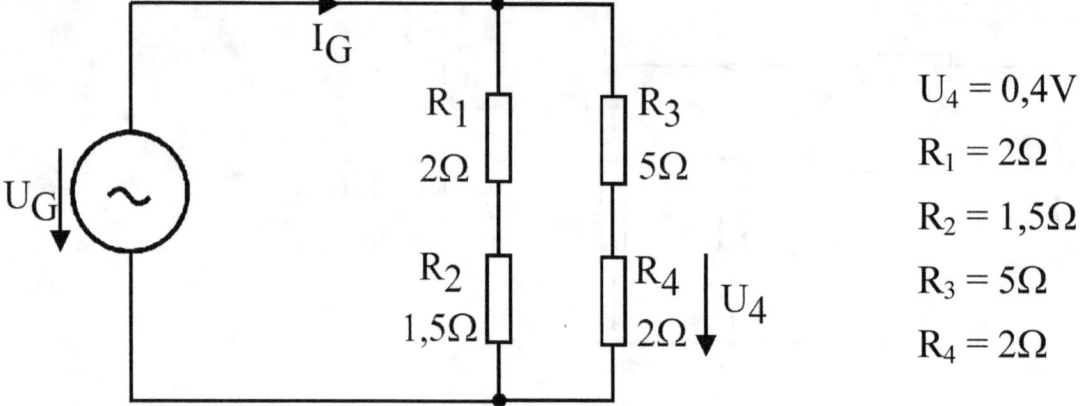

$U_4 = 0,4V$

$R_1 = 2\Omega$

$R_2 = 1,5\Omega$

$R_3 = 5\Omega$

$R_4 = 2\Omega$

a) Bestimmen Sie den von der Spannungsquelle abgegebenen Gesamtstrom I_G!

b) Bestimmen Sie die vom Widerstand R_1 aufgenommene Leistung!

Ergebnisse:

a) $I_G = 0,6A$

b) $P = 320mW$

Aufgabe 1 (Klausur 12.02.1999)   7 Punkte

Gegeben ist die folgende Schaltung aus einer Spannungsquelle und vier Widerständen. Die Widerstandswerte sind bekannt, ebenso die Spannung U_2 am Widerstand R_2.

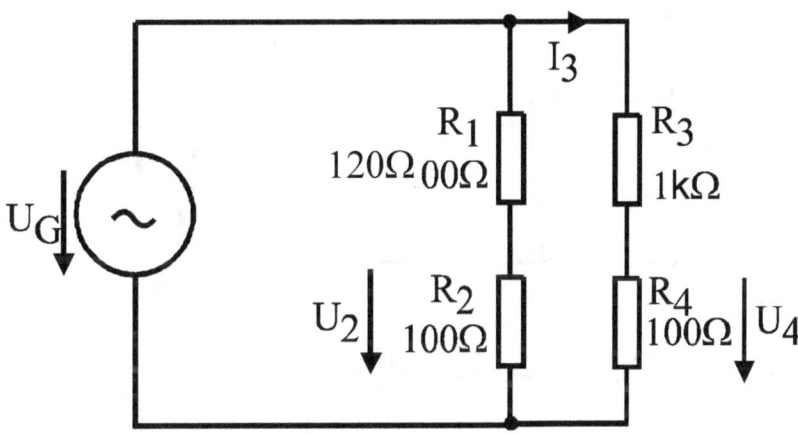

Werte: $U_2 = 5V$

a) Wie groß ist der Spannungsabfall U_4 an R_4?

b) Welche Leistung nimmt der Widerstand R_3 auf?

Ergebnisse:

a) 1V

b) 0,1W

Aufgabe 1 (Klausur 25.06.1999)   10 Punkte

Gegeben ist die folgende Schaltung. Bekannt sind die Spannungen U_1 und U_2 sowie die Widerstandswerte von R_1 und R_2.

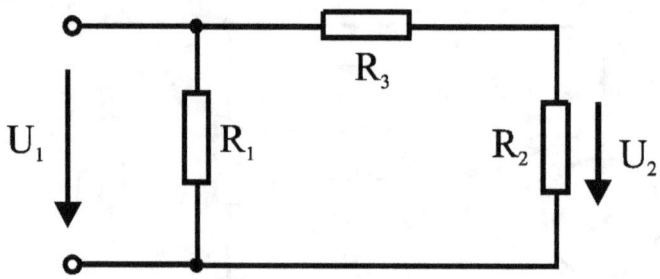

Werte: $U_1 = 20V$, $U_2 = 5V$, $R_1 = 100\Omega$, $R_2 = 200\Omega$

a) Bestimmen Sie den Wert des Widerstandes R_3!

b) Wie groß ist die Leistungsaufnahme von R_3?

c) Welche Leistung nimmt die Gesamtschaltung auf?

Ergebnisse:

a) 600 Ω

b) 375mW

c) 4,5W

Aufgabe 1 (Klausur 24.09.1999)   10 Punkte

Gegeben ist die folgende Schaltung bestehend aus einer Spannungsquelle und drei Widerständen:

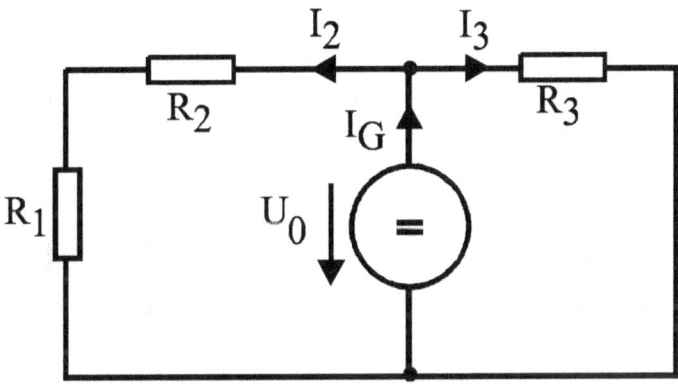

Werte: $I_3 = 2A$, $R_1 = 20\Omega$, $R_2 = 60\Omega$, $R_3 = 40\Omega$,

a) Bestimmen Sie die Spannung der Spannungsquelle U_0!

b) Wie groß ist der Strom I_2?

c) Wie groß ist der Gesamtstrom I_G?

d) Welche Leistung nimmt die Gesamtschaltung auf?

e) Welche Leistung nimmt der Widerstand R_1 auf?

Ergebnisse:

a) 80V

b) 1A

c) 3A

d) 240W

e) 20W

Aufgabe 1 (Klausur 06.02.2013)   10 Punkte

Gegeben ist die folgende Schaltung bestehend aus einer Spannungsquelle und vier Widerständen. Die Widerstandswerte sind in Ohm angegeben. Der Strom I_G sei bekannt.

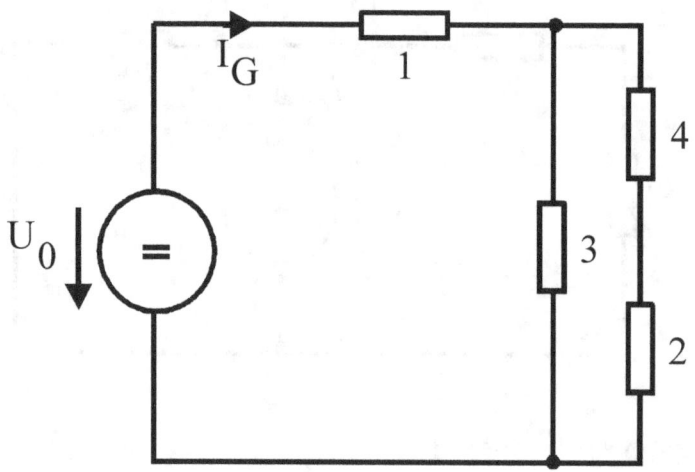

Werte: $I_G = 5A$

e) Wie groß ist der Gesamtwiderstand der Schaltung?

f) Wie groß ist die Gesamtspannung U_0?

g) Welche Spannung fällt an dem 1Ω Widerstand ab?

h) Welche Leistung nimmt der 3Ω Widerstand auf?

i) Welcher Strom fließt durch den 4Ω Widerstand?

Lösung:

a) $R_G = \frac{6 \cdot 3}{6+3}\Omega + 1\Omega = 3\Omega$

b) $U_0 = R_G \cdot I_G = 15V$

c) $U_1 = 1\Omega \cdot 5A = 5V$

d) $U_3 = U_0 - U_1 = 10V; \quad P_3 = \frac{U_3^2}{R_3} = \frac{100V^2}{3\Omega} = 33{,}3W$

e) $I_{24} = \frac{U_3}{2\Omega + 4\Omega} = 1{,}66A$

Aufgabe 1 (Klausur 07.02.1997)   12 Punkte

Gegeben ist die folgende Brückenschaltung wobei der Widerstand R_4 eine starke Temperaturabhängigkeit aufweist.

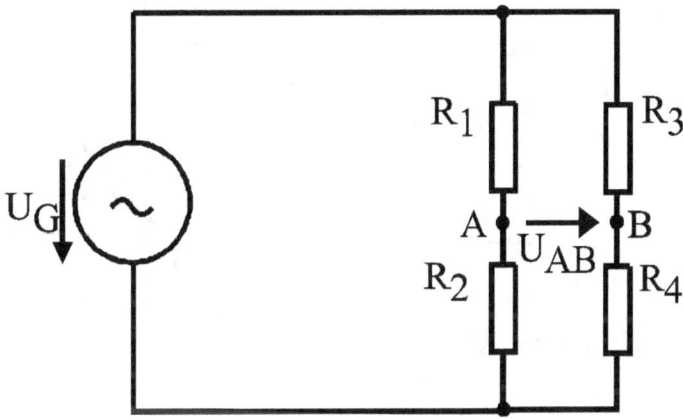

Werte: $U_G = 10V$, $R_1 = 1k\Omega$, $R_2 = 1,5k\Omega$, $R_3 = 20k\Omega$, $R_4 = 30k\Omega$ bei Raumtemperatur (T = 20°C)

a) Bestimmen Sie die sich bei Raumtemperatur ergebende Brückenspannung zwischen den Punkten A und B!

Nun wird die Temperatur auf 70°C erhöht. Bis auf den Widerstand R_4 sollen alle Widerstände ihren Widerstandswert beibehalten. Der Temperaturkoeffizient des Widerstandes R_4 betrage $\alpha = 10^{-2}/K$.

b) Bestimmen Sie nun die sich ergebende Brückenspannung!

Nehmen Sie nun für die Widerstände R_1 bis R_3 ebenfalls einen Temperaturkoeffizienten von $\alpha = 10^{-2}/K$ an.

c) Bestimmen Sie die sich nun ergebende Brückenspannung bei $T_1 = 100°C$!

Aufgabe 1 (Klausur 27.06.1997)   13 Punkte

Gegeben ist die folgende Schaltung:

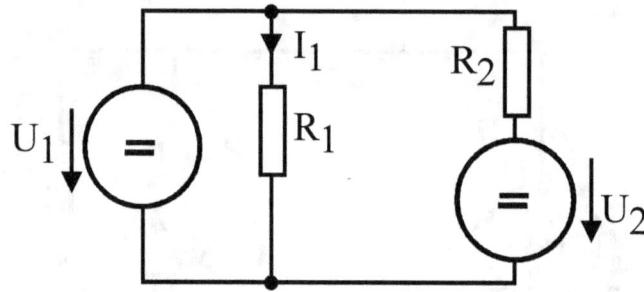

Werte: $U_1 = 4V$, $R_1 = 20\Omega$, $R_2 = 40\Omega$, $U_2 = 6V$

a) Bestimmen Sie den Wert des Stromes I_1!

b) Berechnen Sie die im Widerstand R_1 aufgenommene Leistung!

c) Welche Leistung liefert die Quelle U_1?

d) Welche Leistung liefert die Quelle U_2?

e) Auf welchen Wert müsste die Spannung U_2 geändert werden, damit die vom Widerstand R_2 aufge-nommene Leistung zu Null wird?

Aufgabe 1 (Klausur 13.02.1998)   10 Punkte

Gegeben ist die folgende Schaltung:

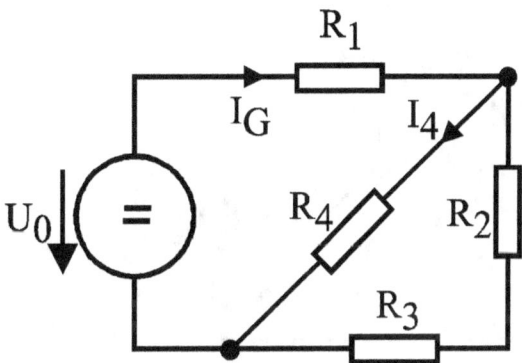

Werte: $I_4 = 250mA$, $R_1 = 10\Omega$, $R_2 = 20\Omega$, $R_3 = 30\Omega$, $R_4 = 40\Omega$,

a) Bestimmen Sie den Wert der Spannung an R_4!

b) Wie groß ist der Strom durch R_2?

c) Wie groß ist der Strom durch R_1?

d) Berechnen Sie die Spannung U_0!

e) Wie groß ist die von der gesamten Schaltung aufgenommene Leistung?

Aufgabe 1 (Klausur 16.03.1998)   10 Punkte

Gegeben ist die folgende Schaltung:

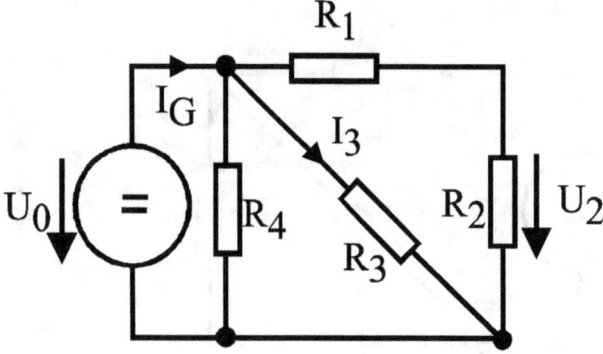

Werte: $U_2 = 2V$, $R_1 = 10\Omega$, $R_2 = 20\Omega$, $R_3 = 30\Omega$, $R_4 = 40\Omega$,

a) Wie groß ist der Strom durch R_2?

b) Bestimmen Sie den Wert der Spannung an R_3!

c) Wie groß ist der Strom durch R_3?

d) Berechnen Sie den Gesamtstrom I_G!

e) Wie groß ist die von der gesamten Schaltung aufgenommene Leistung?

Aufgabe 1 (Klausur 26.06.1998)   9 Punkte

Gegeben ist die folgende Schaltung, in der eine unbekannte Quelle (im Bild mit "X" gekennzeichnet) an eine Schaltung aus drei Widerständen angeschlossen ist. Am Widerstand R_3 wird eine Spannung von U_3 = 3V gemessen.

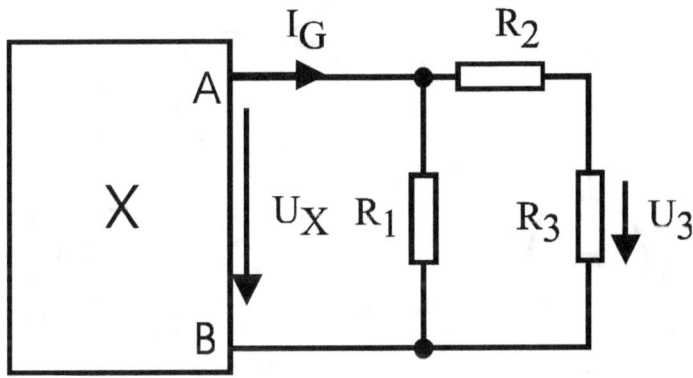

Werte: $U_3 = 3V$, $R_1 = 10\Omega$, $R_2 = 20\Omega$, $R_3 = 30\Omega$

a) Wie groß ist der Strom durch R_2?

b) Bestimmen Sie den Wert der Spannung U_x zwischen den Punkten A und B!

c) Berechnen Sie den Gesamtstrom I_G!

d) Wie groß ist die von der gesamten Schaltung aufgenommene Leistung?

Aufgabe 1 (Klausur 11.02.2000)   10 Punkte

Gegeben ist die folgende Schaltung bestehend aus einer Spannungsquelle und vier Widerständen, deren Widerstandswerte in Ohm jeweils an den Bauteilen angegeben sind. Die Spannung U_2 sei bekannt.

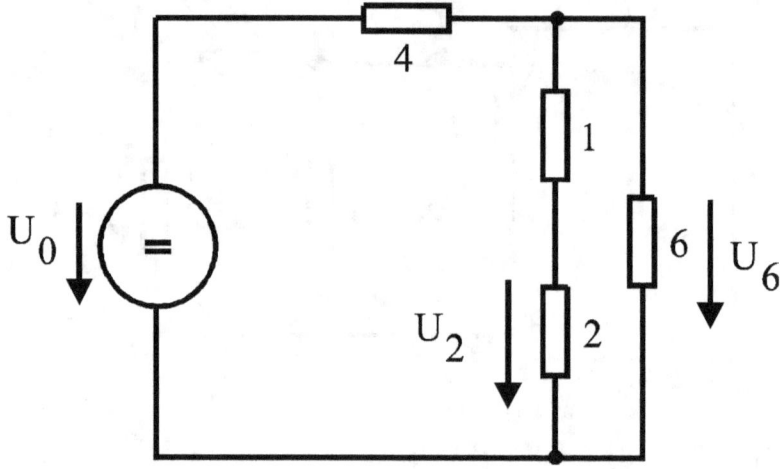

Werte: $U_2 = 8V$

a) Bestimmen Sie die Spannung der Spannungsquelle U_6, die an dem 6Ω Widerstand zu messen ist.

b) Wie groß ist der Gesamtstrom I_G?

c) Bestimmen Sie die Spannung der Spannungsquelle U_0!

d) Welche Leistung nimmt der Widerstand R_4 auf?

Aufgabe 1 (Klausur 07.07.2000)   9 Punkte

Gegeben ist die folgende Schaltung bestehend aus einer Spannungsquelle und drei Widerständen. Die Spannung U_0 sei bekannt.

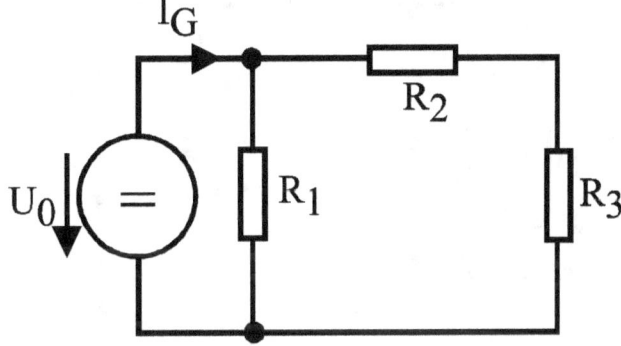

Werte: $U_0 = 10V$, $R_1 = 10\ \Omega$, $R_2 = 2\ \Omega$, $R_3 = 3\ \Omega$

a) Wie groß ist der Gesamtstrom I_G?

b) Bestimmen Sie die Spannung U_2 am Widerstand R_2.

c) Welche Leistung nimmt der Widerstand R_3 auf?

Aufgabe 1 (Klausur 15.02.2002)   10 Punkte

Gegeben ist die folgende Schaltung bestehend aus einer Spannungsquelle einer Lampe mit Vorwiderstand. Die Lampe soll mit Ihrer Nennleistung betrieben werden.

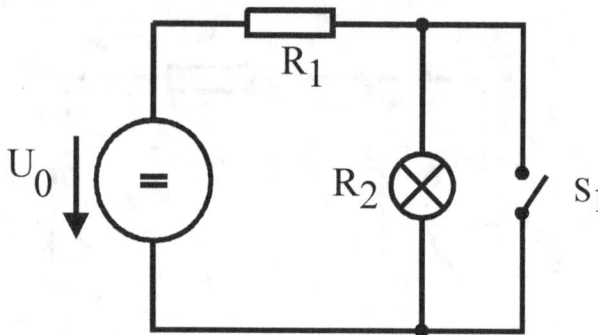

Werte: $U_0 = 10$ V, Nenndaten der Lampe $U_N = 6$V, $P_N = 3$W

a) Wie groß ist der erforderliche Strom I_N?

b) Welchen Widerstandswert muss der Vorwiderstand haben?

c) Welche Leistung nimmt der Widerstand auf?

Nun wird der Schalter S1 geschlossen.

d) Was passiert nun mit der Lampe?

e) Berechnen Sie, welche Leistung der Widerstand dann aufnimmt!

Aufgabe 2 (Klausur 15.03.1999)   7 Punkte

Ein Lötkolben nimmt bei Betriebstemperatur eine Leistung von 30W auf. Beim Einschalten im kalten Zustand (20°C) wird kurzzeitig eine Leistungsaufnahme von 31,5W gemessen.

Der Temperaturkoeffizient der Heizwicklung betrage α = 0,0002 K^{-1} (ß sei vernachlässigbar).

Wie hoch ist die Betriebstemperatur des Lötkolbens?

Klausurlösung als Podcast Tutorial:

http://books.webfee.net/Klausuren/Wink/Aufgabe2.htm

Aufgabe 2 (Klausur 10.07.2007)   9 Punkte

Im folgenden Bild ist eine Schaltung dargestellt, bei der ein Amperemeter mit einem Innenwiderstand von R_i = 0,1 Ohm in Reihe zu einem unbekannten Widerstand R_1 an eine Spannungsquelle geschaltet ist.

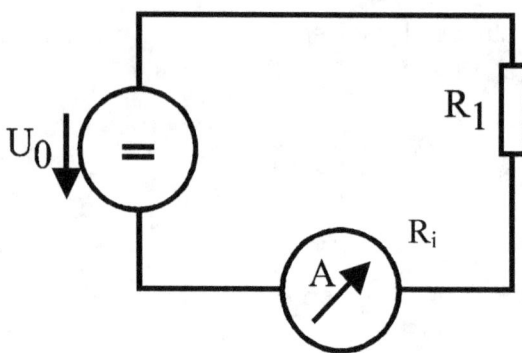

Werte: U_0 = 2V, R_i = 0,1Ω

a) Wenn sich der Widerstand R_1 auf Raumtemperatur (20°C) befindet, wird ein Strom von 1A angezeigt. Wie groß ist der Widerstand R_1 bei Raumtemperatur? (Hinweis: Das Amperemeter hat einen Innenwiderstand!)

b) Der Widerstand R_1 wird nun auf 100°C aufgeheizt. Das Amperemeter zeigt nun einen Wert von 0,8 A an. Welchen Temperaturkoeffizienten α hat der Widerstand? (ß ist vernachlässigbar) Hinweis: Das Amperemeter bleibt auf Raumtemperatur.

c) Nun wird das Amperemeter durch einen Kurzschluss (R = 0) ersetzt. Welcher Strom fließt nun bei Raumtemperatur durch den Widerstand?

Zusatzfrage (ergibt bei richtiger Beantwortung 1 Zusatzpunkt):

d) Handelt es sich bei dem Widerstand um einen NTC oder einen PTC?

Lösung:

a) $R_{G@20°} = \dfrac{U_0}{I} = \dfrac{2V}{1A} = 2\Omega$; $R_{1@20°} = R_{G@20°} - R_i = 1,9\Omega$ ③

b) $R_{G@100°} = \dfrac{U_0}{I_B} = \dfrac{2V}{0,8A} = 2,5\Omega$; $R_{1@100°} = R_{G@100°} - R_i = 2,4\Omega$ ④

$$2,4\Omega = 1,9\Omega \cdot (1 + \alpha \cdot 80K) \Rightarrow \frac{2,4}{1,9} - 1 = \alpha \cdot 80K \Rightarrow \alpha = 3,3 \cdot 10^{-3} K^{-1}$$

c) $I = \dfrac{U_0}{R_1} = \dfrac{2V}{1,9\Omega} = 1,05A$ ②

d) PTC

Aufgabe 5 (Klausur 02.10.1996)   9 Punkte

Gegeben ist die folgende Schaltung mit einer Spule, die über einen Schalter an eine Spannungsversorgung angeschlossen ist. Gehen Sie davon aus, dass zunächst der Schalter sich unendlich lange in der oberen Stellung befunden hat. Zum Zeitpunkt t=0 wird der Schalter nun in die untere Stellung gebracht.

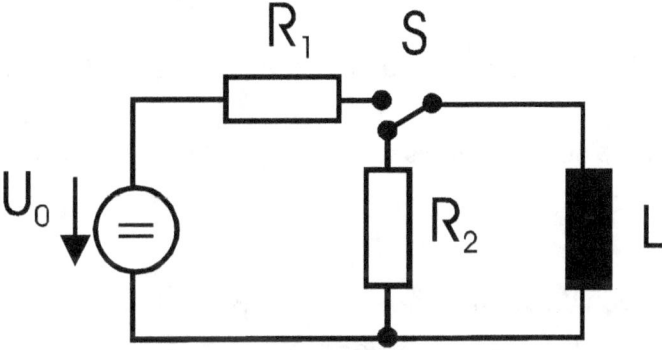

Werte: $U_0 = 10V$, $R_1 = 10\Omega$, $R_2 = 100\Omega$, $L = 200mH$

a) Skizzieren Sie den zeitlichen Verlauf des Stromes mit Angabe der charakteristischen Werte ab dem Zeitpunkt t=0.

b) Geben Sie die maximal auftretende Spannung am Widerstand R_2 an! (Auch ein überraschendes Ergebnis kann stimmen!)

Zusatzaufgabe: (bringt 3 Zusatzpunkte)

c) Berechnen Sie die vom Widerstand R_2 insgesamt aufgenommene Energie! (Die Lösung ist ziemlich einfach)!

Lösung:

a) $i(t=0)=U_0/R_1=1A$; $\tau = L/R = 200mH/100\Omega = 2ms$

b) $U_{R2}(t)=i(t)*R_2$

        U_{R2} wird maximal zu Beginn (t=0s).

        $U_{R2,max}=i(0)*R_2=1A*100\Omega=100V$

c) $W=0,5*L*i(0)^2=100mWs$

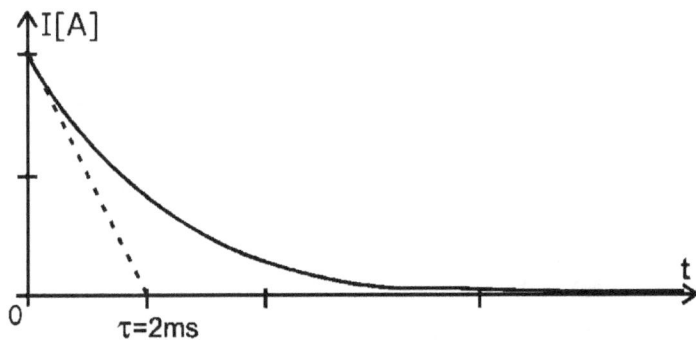

Aufgabe 2 (Klausur 10.07.1996)   15 Punkte

Eine Glühbirne wird an 230V angeschlossen. Im ersten Moment nach dem Einschalten, also in kaltem Zustand (T = 20°C) fließt ein Strom von 4,5 A.

a) Berechnen Sie die im Moment des Einschaltens (= in kaltem Zustand) aufgenommene Leistung!

b) Berechnen Sie die Leistung der Birne, nachdem der Wolframfaden seine Betriebstemperatur von 2500°C erreicht hat!

c) Der Wolframdraht habe einen Durchmesser von 10μm. Wie groß ist seine Länge?

Hinweis:

Temperaturkoeffizienten von Wolfram: $\alpha = 4{,}1 \bullet 10^{-3} K^{-1}$, $\beta = 1 \bullet 10^{-6} K^{-2}$,

Spezifischer Widerstand von Wolfram $\rho_{20} = 0{,}055 \, Ohm \, mm^2/m$

Lösung:

a) $P = U \bullet I = 4{,}5A \bullet 230V = 1035W$

b) $R_{20} = U/I_{20} = 230V/4{,}5A = 51{,}1 Ohm$

   $R_{2500} = R_{20}(1 + \alpha\Delta T + \beta\Delta T^2)$

   $\qquad = 51{,}1 Ohm \cdot (1 + 10{,}17 + 6{,}15)$

   $\qquad = 885 Ohm$

   $P = U^2/R = (230V)^2/885 Ohm = 60W$

c) $R_{20} = \rho_{20} \bullet l / A \qquad$ mit $A = \pi r^2 = 78{,}6 \cdot 10^{-12} m^2$

   $\Rightarrow l = R_{20}/\rho_{20} \bullet A = 51{,}1 Ohm mm \cdot 78{,}6 \cdot 10^{-12} m^2/0{,}055 Ohm \cdot 10^{-6} m^2$

   $\qquad = 7{,}22 cm$

Aufgabe 2 (Klausur 22.03.1996)   16 Punkte

Ein Heizofen mit einer Nennleistung von 3kW (bezogen auf 230V) wird mit Hilfe einer 100m Kabeltrommel (aufgerolltes Verlängerungskabel, 100m lang, 3-adriges Kupferkabel mit jeweils 1,5mm^2 Kupferquerschnitt) an 230V Netzspannung angeschlossen.

a) Berechnen Sie die tatsächlich vom Heizgerät aufgenommene Leistung!

b) Berechnen Sie die von der Kabeltrommel aufgenommene Leistung!

c) Ist der Strom beim Einschalten höher oder niedriger als im späteren Betrieb? (Begründung erforderlich!)

Hinweis: spezifischer Widerstand von Kupfer: ρ_{CU} = 0,018 Ωmm^2/m

Ergebnisse:

a) P = 2330W

b) P = 317W

c) höher wg. Kaltleitereigenschaft der Heizdrähte

Aufgabe 2 (Klausur 14.03.1997)   14 Punkte

Eine Spule aus Kupferdraht mit der Induktivität 100mH wird bei Raumtemperatur (T = 20°C) direkt an eine ideale Spannungsquelle angeschlossen. Nach 18 ms ist der Strom auf 1,5A gestiegen. Dies sind 30% seines Endwertes.

a) Wie groß ist die Spannung der Spannungsquelle? (Hinweis: Versuchen Sie zunächst, die Zeitkonstante und daraus den Widerstand der Spule zu ermitteln!)

b) Durch langen Betrieb mit diesem Strom ist die Spule sehr heiß geworden. Der Endwert des Stromes ist auf 4 A abgefallen. Wie heiß ist die Spule nun (in °C)? (Dieser Aufgabenteil lässt sich auch dann noch lösen, wenn Sie die Lösung zu a) nicht ermittelt haben.)

Hinweis: Temperaturkoeffizient von Kupfer: $\alpha_{Cu} = 3{,}92 \bullet 10^{-3} K^{-1}$.

Ergebnisse:

a) U = 10 V

b) T = 83,8° C

Aufgabe 2 (Klausur 24.09.1998)   10 Punkte

Ein NTC- Widerstand hat bei einer Temperatur von 0°C einen Widerstand von 1kOhm und bei 20°C einen Widerstand von 800 Ohm.

a) Geben Sie den Temperaturkoeffizienten α an! (β sei vernachlässigbar)

b) Welche Temperatur liegt vor, wenn man einen Widerstandswert von 600 Ohm misst?

c) Nun wird der NTC über einen Vorwiderstand von 1kOhm mit einer Spannungsquelle mit U = 22V verbunden. Berechnen Sie die Verlustleistung im NTC- Widerstand bei einer Temperatur von minus 10°C.

Ergebnisse:

a) α = -0,0125 K^{-1}

b) T = 40°C

c) P = 120mW

Aufgabe 2 (Klausur 25.09.1997)   9 Punkte

In der folgenden Schaltung ist eine Reihenschaltung aus einem temperaturabhängigen Widerstand R_1 und einem "normalen" Widerstand R_2 gegeben, die von der Spannungsquelle U_0 versorgt wird. Mit Hilfe eines idealen Voltmeters wird nun bei zwei verschiedenen Temperaturen die Spannung U_2 gemessen. Bei Raumtemperatur wird die Spannung 6V gemessen. Bei einer Temperatur von 100°C wird eine Spannung von 4V gemessen.

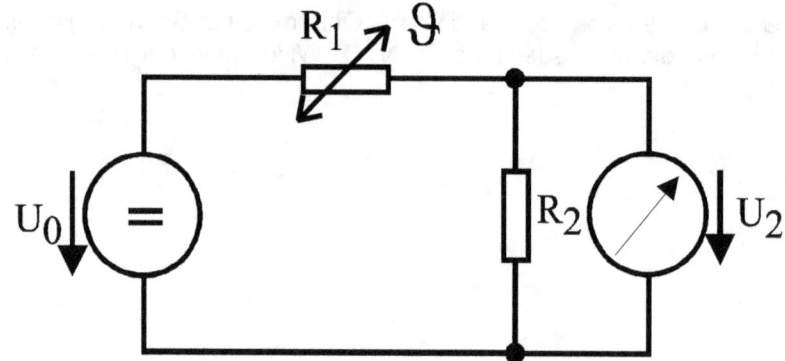

Werte: $U_0 = 12\,V$, $R_2 = 1\,kOhm$, $U_2(T_1 = 20°C) = 6\,V$, $U_2(T_2 = 100°C) = 4\,V$

a) Wie groß ist der Widerstand R_1 bei Raumtemperatur?

b) Wie groß ist der Temperaturkoeffizient α (in K^{-1}) des Widerstandes R_1?

Zusatzfrage (ergibt bei richtiger Beantwortung 1 Zusatzpunkt):

c) Handelt es sich bei dem Widerstand um einen NTC oder einen PTC?

Ergebnis:

a) $1\,k\Omega$, b) $0{,}0125\ K^{-1}$

Aufgabe 2 (Klausur 12.02.1999)   12 Punkte

Eine Spule sei charakterisiert durch ihren Gleichstromwiderstand R und ihre Induktivität L. Diese Spule wird zum Zeitpunkt t = 0 an eine Gleichspannungsquelle geschaltet (siehe Schaltung). Dabei stellt sich ein Strom am Widerstand ein, dessen zeitlicher Verlauf in dem darunter stehenden Diagramm gezeigt ist.

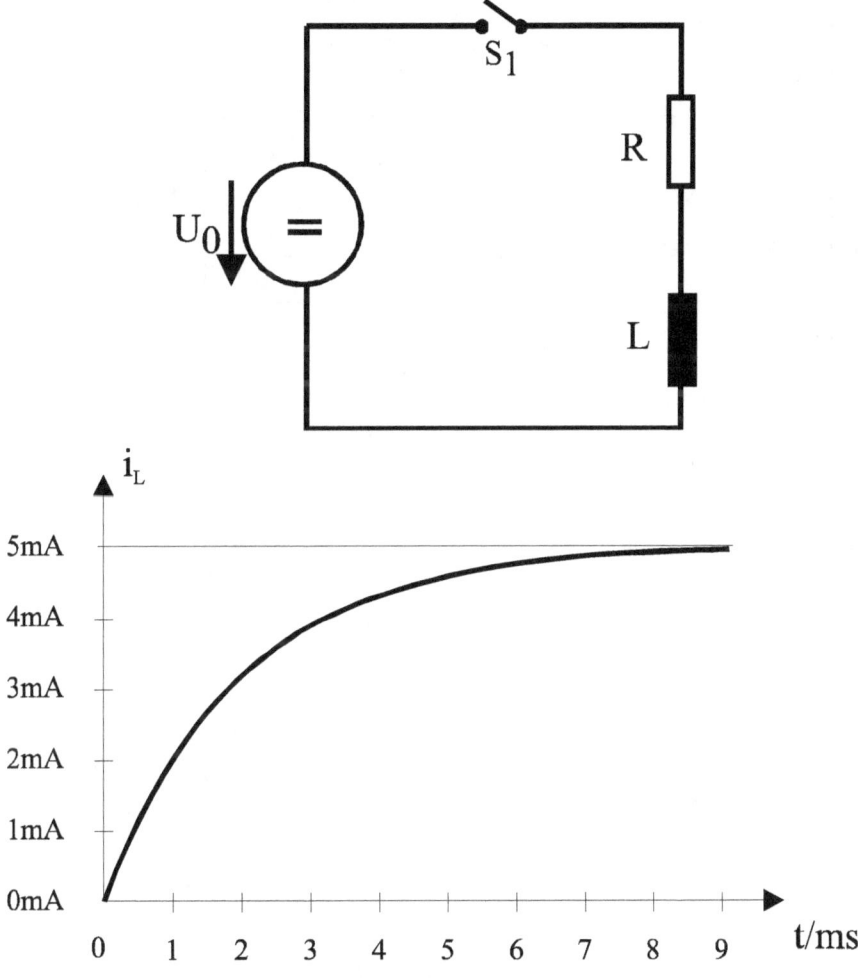

Werte: $U_0 = 10V$

a) Bestimmen Sie die Werte von R und L

Nun erwärmt sich die Spule um 100°C. (Temperaturkoeffizient α = 0,004 K^{-1}).

Das Experiment wird nun wiederholt (Schalter schließt bei zunächst stromloser Spule.

b) Nach welcher Zeit erreicht die Spannung **am Widerstand** einen Wert von 5V?

Ergebnisse:

a) 2kΩ, 4H (τ=2ms)

b) 2,8kΩ, 1ms (Achtung: neues τ = 1,4ms)

Aufgabe 2 (Klausur 25.06.1999)   6 Punkte

Bei einem Temperaturfühler wird der folgende Verlauf des Widerstandes über der Temperatur gemessen.

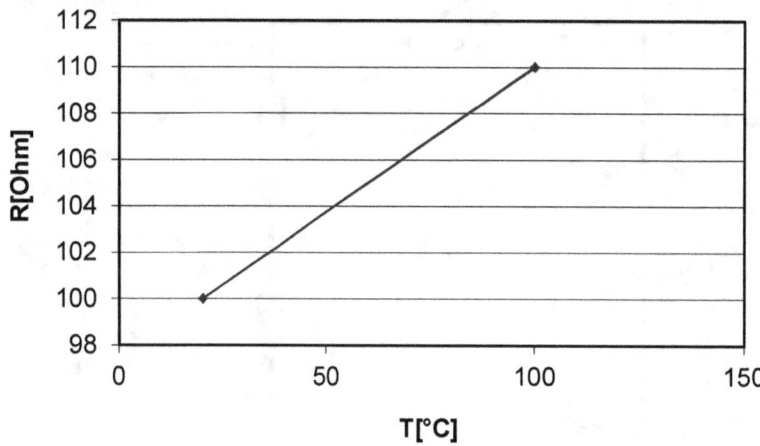

Bestimmen Sie den Temperaturkoeffizienten α!

Ergebnis:

$1{,}25 * 10^{-3} K^{-1}$

Aufgabe 2 (Klausur 24.09.1998)   6 Punkte

Eine Spule mit einem Innenwiderstand von 5 Ohm und einer Induktivität von 200mH wird an eine 10V-Spannungsquelle angeschlossen. Auf welchen Wert ist der Strom nach 10ms angestiegen?

Ergebnis:

I(10ms) = 0,44A

Aufgabe 2 (Klausur 24.09.1999)   7 Punkte

Ein Temperaturfühler mit bekanntem Temperaturkoeffizienten α wird über einen Schalter an eine Spannungsquelle angeschlossen. Der sich ergebende Strom wird mittels eines (idealen) Amperemeters gemessen.

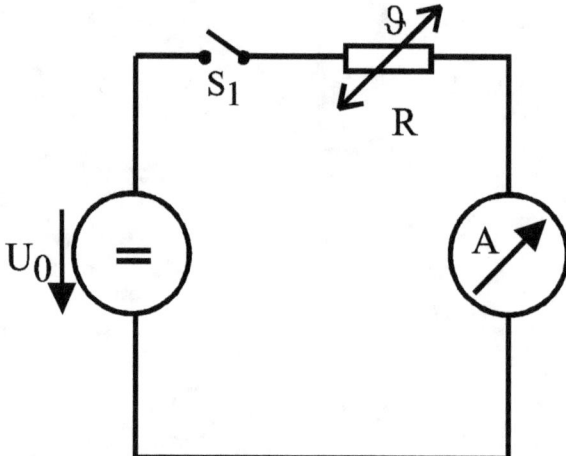

Werte: $U_0 = 10V$, $\alpha = 0,008K^{-1}$

Zunächst befindet sich die Anordnung auf Raumtemperatur (T=20°C).

Kurz nach dem Einschalten des Schalters wird ein Strom von I_{20} = **100mA** angezeigt. Durch den Stromfluss heizt sich der Widerstand jedoch auf und der Strom sinkt ab auf einen Wert von I_1 = **80mA**.

Auf welche Temperatur hat sich der Widerstand aufgeheizt?

Ergebnis:

51°

Aufgabe 6 (Klausur 24.09.1999)   8 Punkte

Gegeben ist eine Ladeschaltung eines Kondensators.

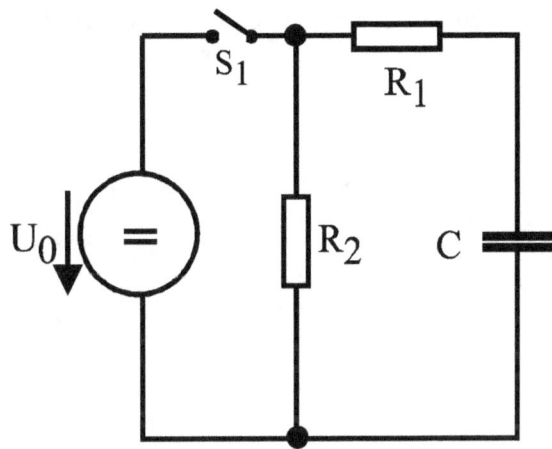

Werte: $U_0 = 30$V, $R_1 = 10$kΩ, $R_2 = 20$kΩ, $C = 100\mu$F

Zunächst sei der Schalter S_1 für lange Zeit geöffnet. Zum Zeitpunkt t=0 wird der Schalter geschlossen.

a) Nach welcher Zeit t_{20} hat sich der Kondensator auf eine Spannung von 20V aufgeladen?

b) Zu diesem Zeitpunkt t_{20} wird der Schalter wieder geöffnet. Welche Spannung herrscht 5 Sekunden später an dem Kondensator?

Ergebnisse:

a) 1,1s

b) 3,77V

Aufgabe 2 (Klausur 06.02.2013)   12 Punkte

Ein Kondensator unbekannter Kapazität, der auf 10V aufgeladen ist, wird über einen unbekannten Widerstand entladen. Der sich ergebende Verlauf der Kondensatorspannung ist im Diagramm dargestellt. Der Stromverlauf ergibt sich analog zu dieser Kurve und beginnt mit einem Strom von 0,1A.

Werte: $I_C(t=0) = 0,1A$

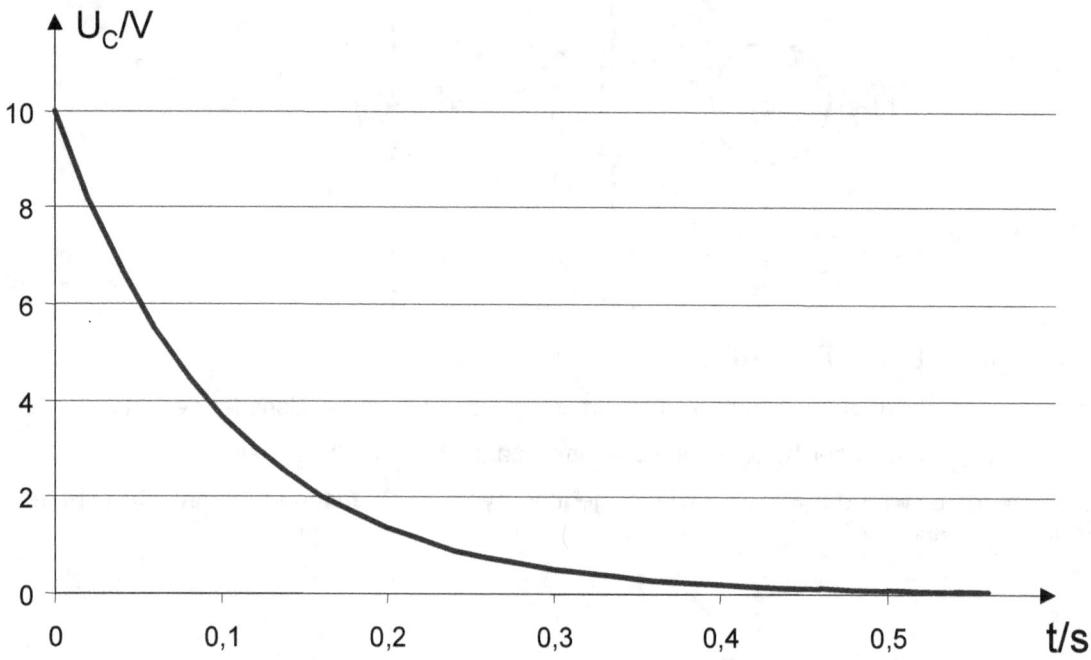

a) Wie groß ist der Widerstand?

b) Wie groß ist die Kapazität des Kondensators?

Nun wird ein zweiter unbekannter Kondensator parallelgeschaltet. Das Experiment wird wiederholt. Das heißt, dass beide Kondensatoren auf 10V aufgeladen sind und dann über den Widerstand entladen werden. Nach einer Zeit von 150ms ist die Spannung nun auf den Wert 3,68V abgefallen.

c) Wie groß ist die Kapazität des zweiten Kondensators?

Lösung:

a) $i(t=0) = \dfrac{U_0}{R} \quad \Rightarrow \quad R = \dfrac{10V}{0,1A} = 100\Omega$

b)   aus Zeichnung (Tangente an Beginn der Kurve und Schnittpunkt mit t-Achse):

$\tau = 0,1s \, ; \, \tau = R_G \cdot C \Rightarrow C = \dfrac{0,1s}{100\frac{V}{A}} = 1mF = 1000 \ F$

c) $3,68V = 10V \cdot e^{-\left(\frac{150ms}{\tau_2}\right)} \Rightarrow \tau_2 = 150ms \Rightarrow C = \dfrac{\tau_2}{R} = 1500 \ F$

Aufgabe 2 (Klausur 07.02.1997)   12 Punkte

Eine Spule wird aus einem Kupferdraht (Durchmesser 0,2mm, spez. Widerstand von Kupfer: ρ_{Cu} = 0,018Ωmm^2/m) gewickelt. Die Spule hat 500 Windungen, wobei jede Windung einen Durchmesser von 2cm haben soll. Die Spule wird nun an eine (ideale) Gleichspannungsquelle von 9V angeschlossen.

a) Welcher Strom stellt sich nach sehr langer Zeit ein? (Berechnen Sie hierzu zunächst den Widerstand des Drahtes!)

b) Jemand hat gemessen, dass der Strom bereits nach t_1 = 100μs auf die Hälfte des endgültigen Wertes angestiegen ist. Ermitteln Sie die Induktivität der Spule!

Aufgabe 2 (Klausur 13.02.1998)　　　　　　　7 Punkte

Ein Kondensator wird mit einem **konstanten** Strom von 1mA geladen. Die Spannung steigt linear an.

a) Auf welchen Wert ist die Spannung am Kondensator nach 10s angestiegen, wenn der Kondensator eine Kapazität von 500µF aufweist?

b) Welche Energie ist dann im Kondensator gespeichert?

Aufgabe 2 (Klausur 27.06.1997)   11 Punkte

Ein Kondensator ist über einen Schalter an eine Spannungsquelle angeschlossen. Zum Zeitpunkt t=0 wird der Schalter in die obere Stellung gebracht. Zum Zeitpunkt t = 10ms wird der Schalter wieder zurück in die untere Stellung gebracht.

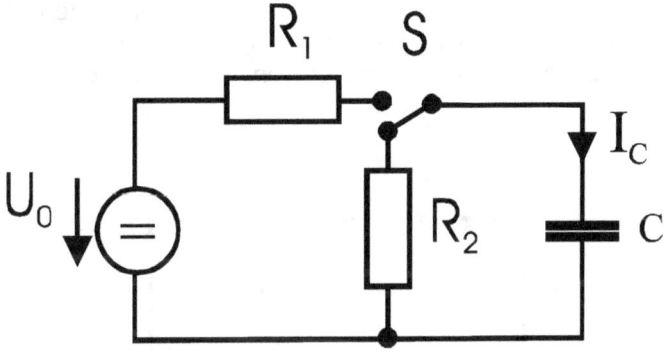

Werte: $U_0 = 12V$

Es ergibt sich ein Stromverlauf I_C wie in der folgenden Abbildung gezeigt.

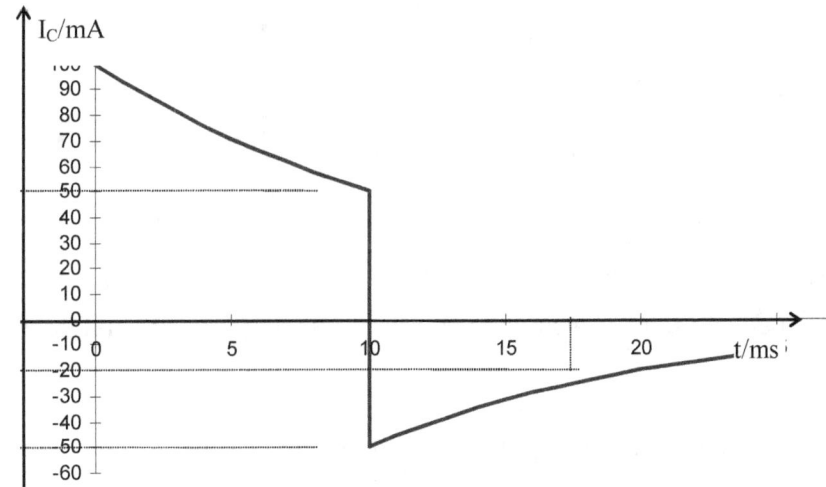

a) Wie groß ist der Widerstand R_1?

b) Wie groß ist die Kapazität des Kondensators. (Hinweis: Versuchen Sie zunächst, rechnerisch die Zeitkonstante zu ermitteln!)

c) Wie groß ist der Widerstand R_2? (Hinweis: Versuchen Sie zunächst, rechnerisch die Zeitkonstante zu ermitteln!)

Aufgabe 2 (Klausur 13.02.1998)   10 Punkte

In der Messtechnik wird für die "digitale" Messung von Temperaturen manchmal eine Schaltung eingesetzt, bei der die Zeitkonstante einer Ladeschaltung eines Kondensators zur Bestimmung der Temperatur genutzt wird.

In der folgenden Schaltung ist eine solche Prinzipschaltung aus einem temperaturabhängigen Widerstand R und einem Kondensator C gegeben, die von der Spannungsquelle U_0 versorgt wird. Bei Raumtemperatur (20°C) lädt sich der Kondensator innerhalb von 1ms nach Schließen des Schalters auf eine Spannung von 3V auf.

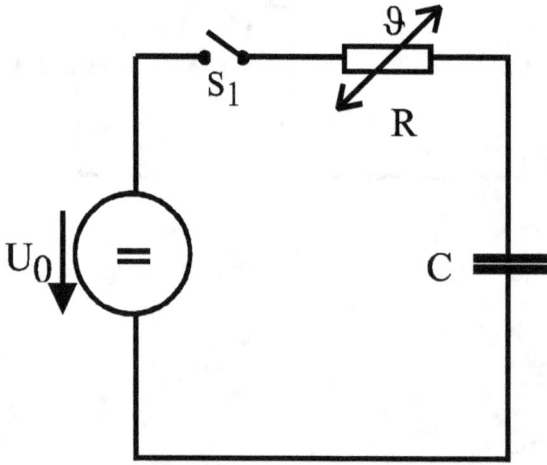

Werte: $U_0 = 5V$, $C = 1\mu F$, Temperaturkoeffizient von R: $\alpha = 0{,}004K^{-1}$

a) Wie groß ist der Widerstand R bei Raumtemperatur?

b) Welche Temperatur herrscht am Widerstand, wenn die Spannung von 3V erst nach 1,2ms erreicht wird?

Zusatzfrage (ergibt bei richtiger Beantwortung 1 Zusatzpunkt):

c) Handelt es sich bei dem Widerstand um einen NTC oder einen PTC?

Aufgabe 2 (Klausur 16.03.1998)   9 Punkte

Ein Kondensator mit einer Kapazität von 100µF wird mit einem Strom mit einem Zeitverlauf gemäß der untenstehenden Abbildung geladen.

Zeichnen Sie in das untere Diagramm den Verlauf der Spannung am Kondensator

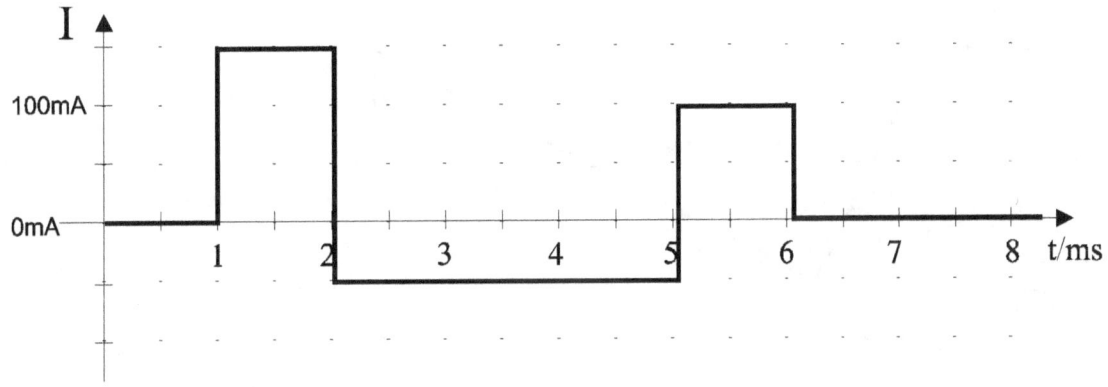

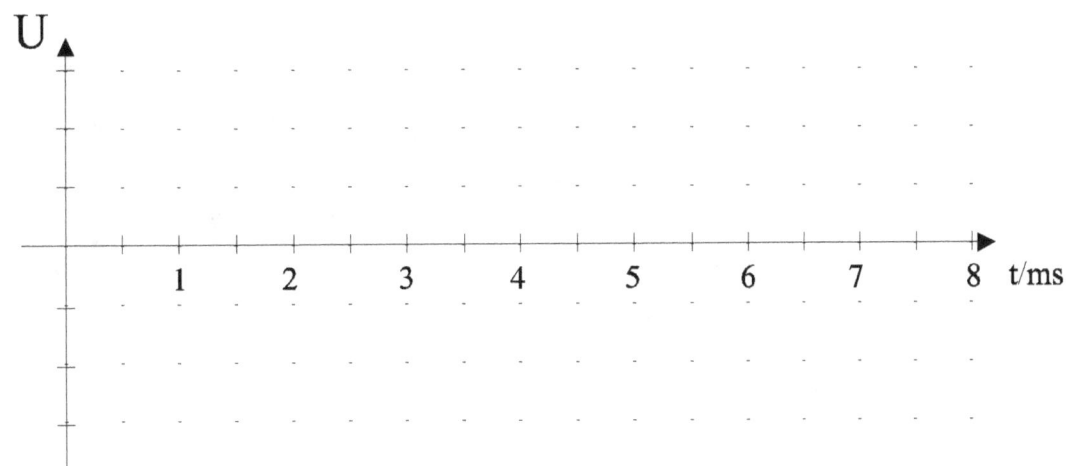

Aufgabe 2 (Klausur 26.06.1998)   7 Punkte

Eine Spule mit einer Induktivität von 100mH wird mit einem Strom mit einem Zeitverlauf gemäß der untenstehenden Abbildung beaufschlagt. Der Widerstand der Spule sei vernachlässigbar klein (R = 0).

Zeichnen Sie in das untere Diagramm den Verlauf der Spannung an der Spule.

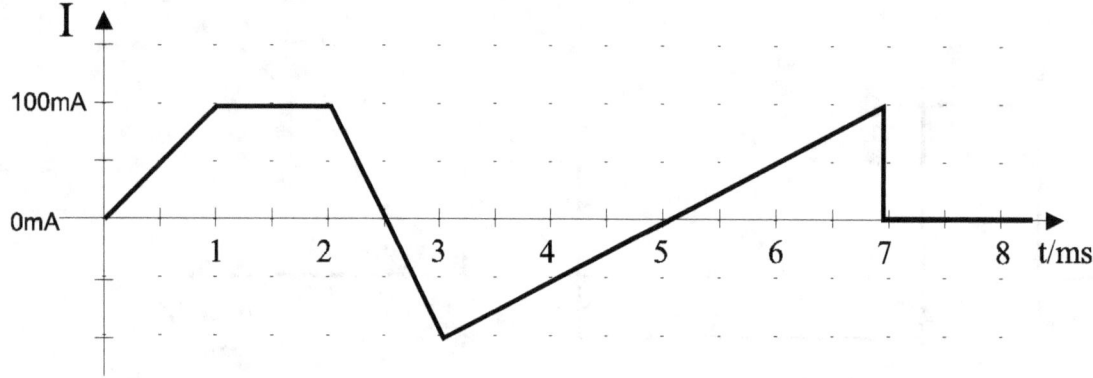

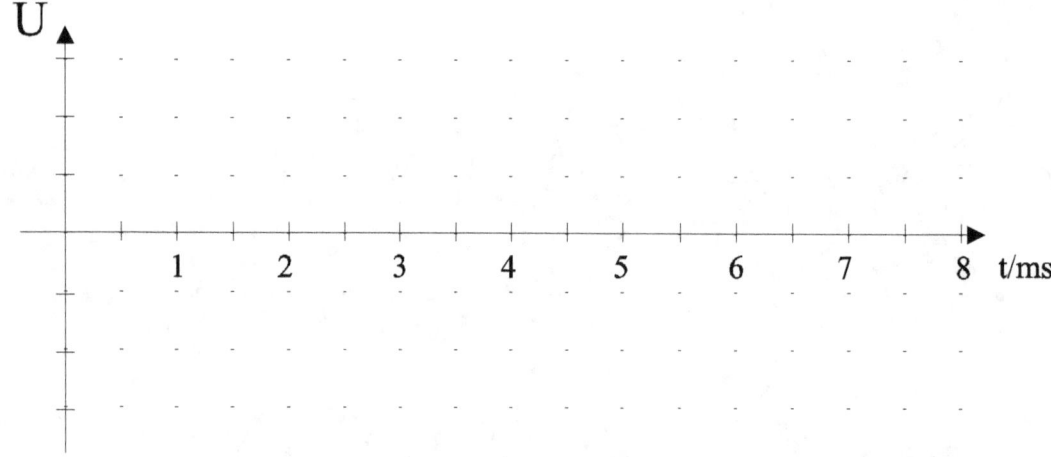

Aufgabe 6 Klausur (15.03.1999)   10 Punkte

Ein Kondensator ist auf eine Spannung von 100V aufgeladen. Zum Zeitpunkt t=0 wird der Schalter S_1 geschlossen.

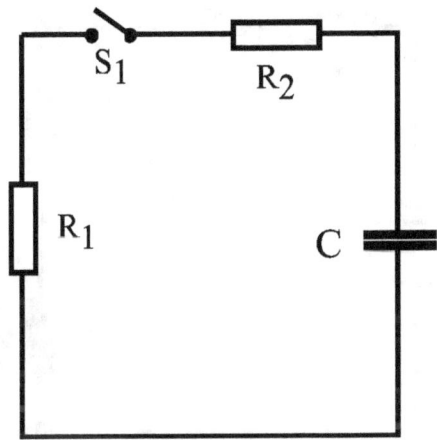

Werte: $R_1 = R_2 = 1k\Omega$, $C = 1000\mu F$

a) Nach welcher Zeit ist der Strom auf 30mA gesunken?

b) Wie muss der Widerstand R_2 geändert werden, damit bei Wiederholung des Experimentes nach 2s eine Spannung von 25V am Kondensator herrscht?

Aufgabe 2 (Klausur 11.02.2000)   9 Punkte

Eine Spule mit einem Wicklungswiderstand von R_2 wird über einen Schalter an eine Spannungsquelle mit einem Innenwiderstand von R_1 angeschlossen.

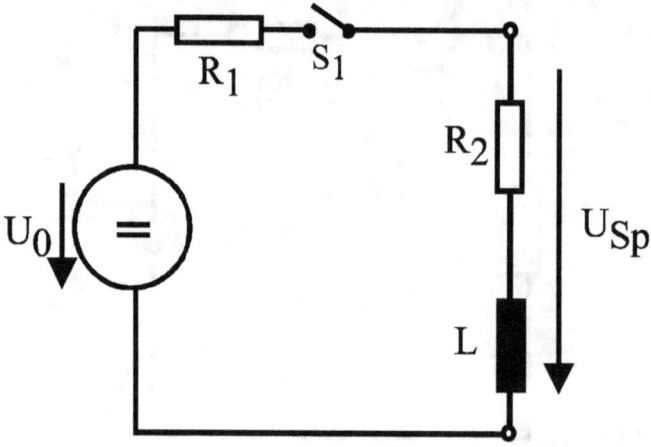

Werte: $U_0 = 12V$, $R_1 = 1\Omega$, $R_2 = 2\Omega$, $L = 20mH$

Der Schalter S_1 wird nun geschlossen.

a) Nach welcher Zeit hat der Strom einen Wert von 3A erreicht?

b) Welchen Wert hat die Spannung an der Spule U_{sp} (siehe Zeichnung) unmittelbar nach Schließen des Schalters?

Aufgabe 6 (Klausur 11.02.2000)   10 Punkte

Gegeben ist eine Schaltung mit temperaturabhängigen Widerständen.

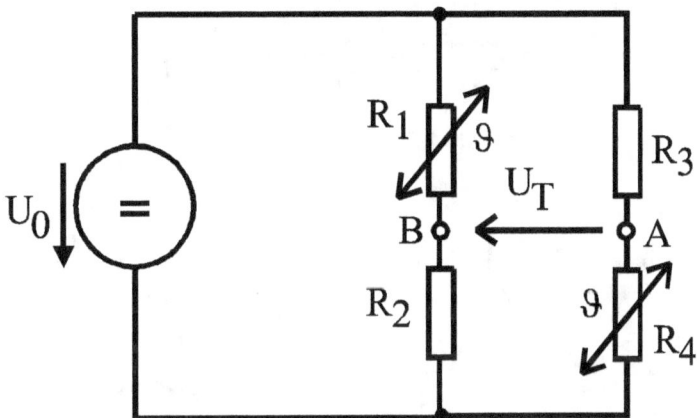

Werte: $U_0 = 30\,V$, $R_1 = 10\,k\Omega$, $R_2 = 20\,k\Omega$, $R_3 = 50\,k\Omega$, $R_4 = 100\,k\Omega$, $\alpha = 0{,}01\,K^{-1}$

Die angegebenen Widerstandswerte gelten für Raumtemperatur (20°C). Der angegebene Temperatur-koeffizient α gilt für die beiden Widerstände R_1 und R_4. Die Widerstände R_2 und R_3 weisen keine Temperaturabhängigkeit auf.

a) Welche Spannung U_T kann bei Raumtemperatur zwischen den Punkten A und B gemessen werden?

b) Nun wird die Temperatur der gesamten Schaltung auf 70°C erhöht. Welche Spannung wird dann gemessen?

Aufgabe 2 (Klausur 07.07.2000)   12 Punkte

Eine Spule mit einem Wicklungswiderstand von R_2 wird über einen Schalter an eine Spannungsquelle mit einem Innenwiderstand von R_1 angeschlossen.

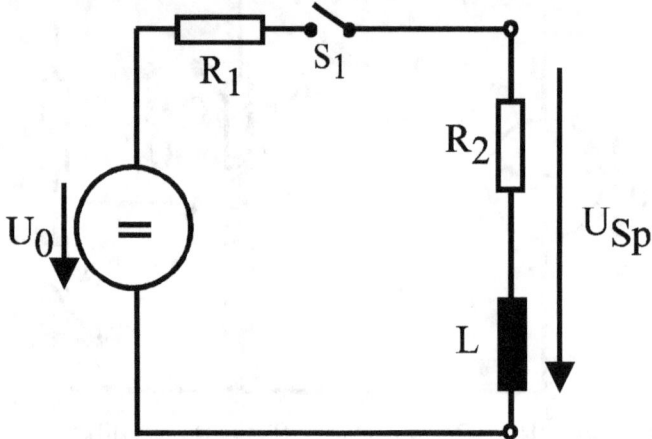

Werte: $U_0 = 12V$, $R_1 = 10\Omega$, $R_2 = 20\Omega$

Der Schalter S_1 wird nun geschlossen. Nach 100ms hat der Strom einen Wert von 100mA erreicht.

a) Wie groß ist die Induktivität L der Spule?

Nun erwärmt sich die Spule von Raumtemperatur (20°C) auf 120° (nur die Spule, nicht die Spannungsquelle). Der Temperaturkoeffizient des bei der Spule verwendeten Kupferdrahtes beträgt $\alpha = 0{,}004 K^{-1}$. Der Schalter wird nun erneut geschlossen.

b) Welchen Wert hat der Strom diesmal 100ms nach Schließen des Schalters erreicht?

Aufgabe 2 (Klausur 15.02.2002)   12 Punkte

Im folgenden Bild ist ein mit einem Oszilloskop aufgenommer Spannungsverlauf an einem Kondensator dargestellt, der über einen bekannten Widerstand bei Raumtemperatur (20°C) an eine Spannungsquelle angeschlossen ist.

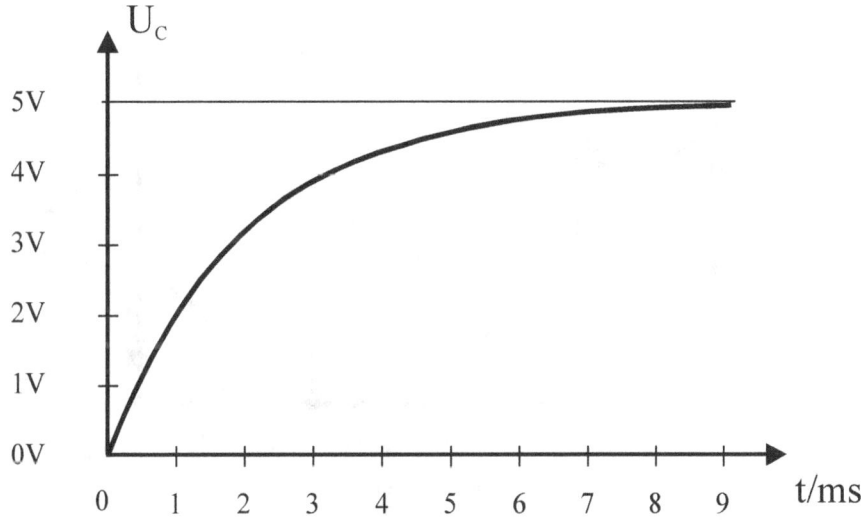

Werte: R = 1kΩ, Temperaturkoeffizient $\alpha = 0{,}005\,K^{-1}$

a) Bestimmen Sie die Spannung der Spannungsquelle und die Kapazität des Kondensators.

b) Nun erwärmt sich der Widerstand auf 100°C. Nach welcher Zeit steigt dann die Spannung nach dem Einschalten auf 3V an?

Aufgabe 3 (Klausur 15.03.1999)   10 Punkte

Gegeben ist die folgende Schaltung (der Widerstandswert ist in Ohm angegeben).

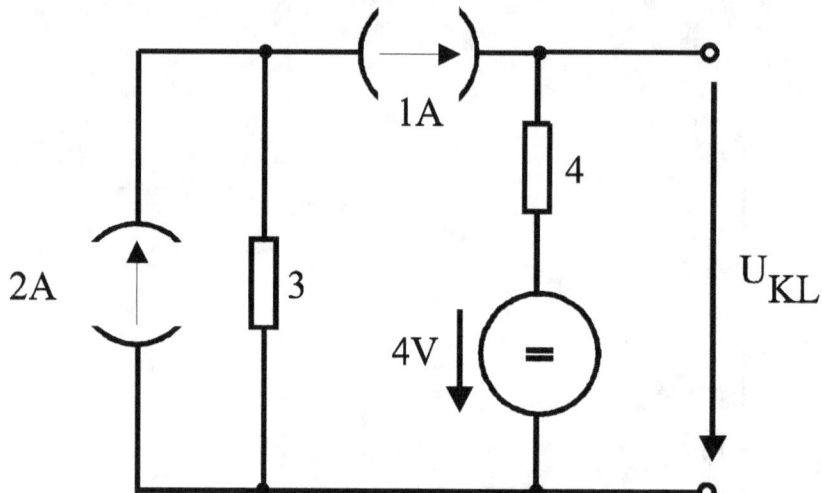

a) Berechnen Sie die sich ergebende Quellenspannung U_{KL}!

Nun werden die Klemmen A und B kurzgeschlossen (= miteinander verbunden).

b) Welcher Kurzschlussstrom I_K fließt durch den Kurzschluss?

c) Bestimmen Sie die Elemente U_0 und R_i einer Ersatzspannungsquelle, die sich bezüglich der Klemmen A-B genauso verhält, wie die oben abgebildete Schaltung.

Klausurlösung als Podcast Tutorial:

http://www.mechatronics.fh-aachen.de/Klausuren/Wink/Aufgabe%203.htm

Aufgabe 3 (Klausur 10.07.2007) 10 Punkte

Gegeben ist eine Zusammenschaltung von Stromquellen und Widerständen (die Widerstandswerte sind in Ohm angegeben).

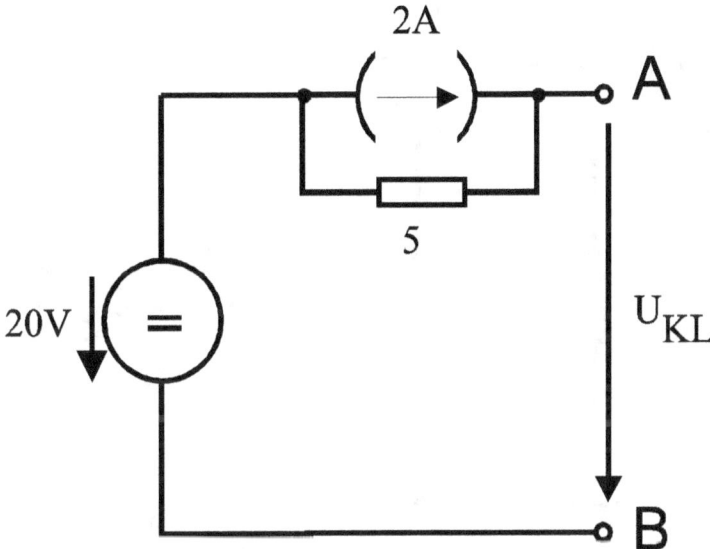

a) Berechnen Sie die sich ergebende Quellenspannung U_{KL}!

Nun werden die Klemmen A und B kurzgeschlossen (= miteinander verbunden).

b) Welcher Kurzschlussstrom I_K fließt durch den Kurzschluss?

c) Bestimmen Sie die Elemente U_0 und R_i einer Ersatzspannungsquelle, die sich bezüglich der Klemmen A-B genauso verhält, wie die oben abgebildete Schaltung.

────────────

Lösung:

a) $U_{KL} = 20V + 2A \cdot 5\Omega = 30V$ ③

b) $I_K = 2A + \dfrac{20V}{5\Omega} = 6A$ ③

c) $U_0 = U_{KL}(a) = 30V$ ②

$R_i = \dfrac{U_0}{I_K} = 5\Omega$ ②

Aufgabe 3 (Klausur 14.03.1997)   8 Punkte

Gegeben ist eine Parallelschaltung von Strom und Spannungsquellen. Die Widerstandswerte sind in der Schaltung jeweils in Ohm angegeben.

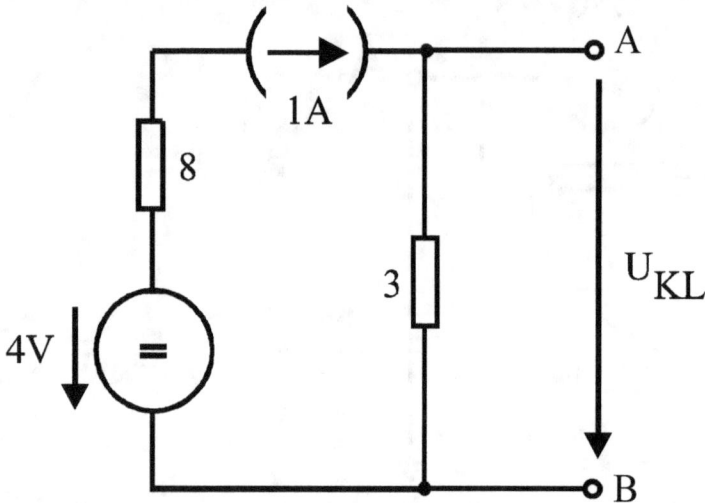

a) Berechnen Sie die sich ergebende Quellenspannung U_{KL}!

Nun werden die Klemmen A und B kurzgeschlossen (= miteinander verbunden).

b) Welcher Kurzschlussstrom I_K fließt durch den Kurzschluss?

c) Bestimmen Sie die Elemente U_0 und R_i einer Ersatzspannungsquelle.

Ergebnisse:

a) $U_{KL} = 3$ V

b) $I_K = 1$ A

c) $U_0 = 3$ V

d) $R_i = 3$ Ω

Aufgabe 5 (Klausur 22.03.1996)   13 Punkte

Gegeben ist die folgende Schaltung bei der von der Stromquelle der Strom I_0=0,2A geliefert wird.

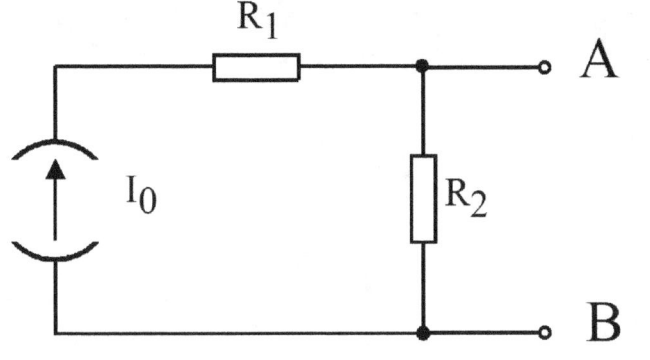

$$I_0 = 0,2A$$
$$R_1 = 1k\Omega$$
$$R_2 = 100\Omega$$

a) Bestimmen Sie die vom Widerstand R_1 aufgenommene Leistung für den Fall, dass die Klemmen A-B offen sind!

b) Bestimmen Sie die vom Widerstand R_1 aufgenommene Leistung für den Fall, dass die Klemmen A-B kurzgeschlossen sind!

c) Ermitteln Sie die Elemente U_0 und R_i einer Ersatzspannungsquelle bezüglich der Anschlüsse A-B!

Ergebnisse:

a) P = 40W

b) P = 40W

c) U_0 = 20V, R_i = R_2 = 100Ω

Aufgabe 3 (Klausur 25.09.1997)   10 Punkte

Gegeben ist eine Zusammenschaltung von Strom und Spannungsquellen sowie Widerständen (die Widerstandswerte sind in Ohm angegeben).

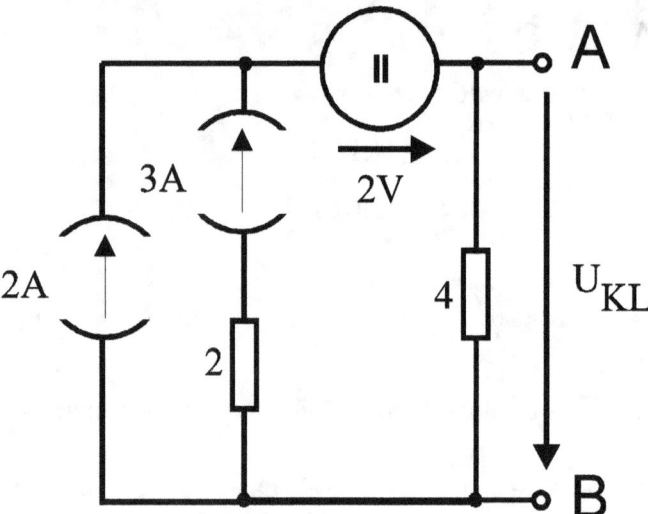

a) Berechnen Sie die sich ergebende Quellenspannung U_{KL}!

Nun werden die Klemmen A und B kurzgeschlossen (= miteinander verbunden).

b) Welcher Kurzschlussstrom I_K fließt durch den Kurzschluss?

c) Bestimmen Sie die Elemente U_0 und R_i einer Ersatzspannungsquelle, die sich bezüglich der Klemmen A-B genauso verhält, wie die oben abgebildete Schaltung.

Ergebnis:

a) 20V, b) 5A, c) 20V, 4Ω

Aufgabe 3 (Klausur 24.09.1998)   12 Punkte

Gegeben ist eine Zusammenschaltung einer Stromquellen, einer Spannungsquelle und einem Widerstand (der Widerstandswert ist in Ohm angegeben).

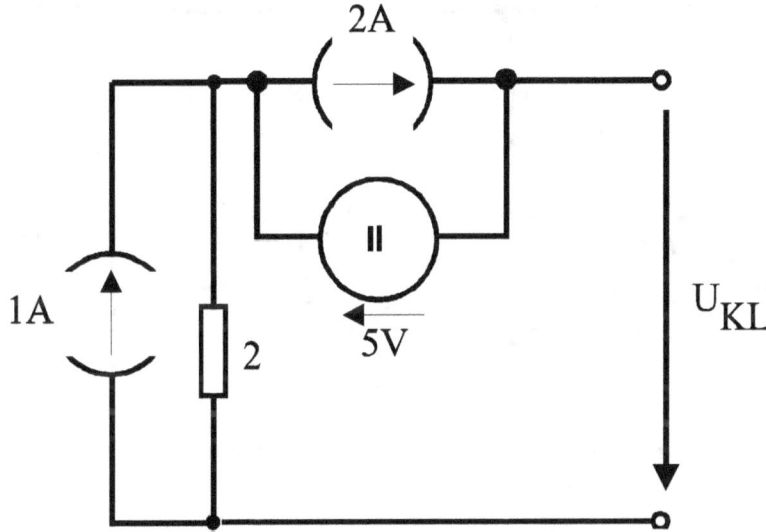

a) Berechnen Sie die sich ergebende Quellenspannung U_{KL}!

Nun werden die Klemmen A und B kurzgeschlossen (= miteinander verbunden).

b) Welcher Kurzschlussstrom I_K fließt durch den Kurzschluss?

c) Bestimmen Sie die Elemente U_0 und R_i einer Ersatzspannungsquelle, die sich bezüglich der Klemmen A-B genauso verhält, wie die oben abgebildete Schaltung.

d) Welche Leistung nimmt der Widerstand auf?

Ergebnisse:

a) U_{KL} = 7V

b) I_K = 3,5A

c) U_0 = 7V, R_i = 2Ohm

d) P = 12,5W

Aufgabe 3 (Klausur 12.02.1999)   10 Punkte

Gegeben ist eine Zusammenschaltung von Stromquellen, und Widerständen (der Widerstandswert ist in Ohm angegeben).

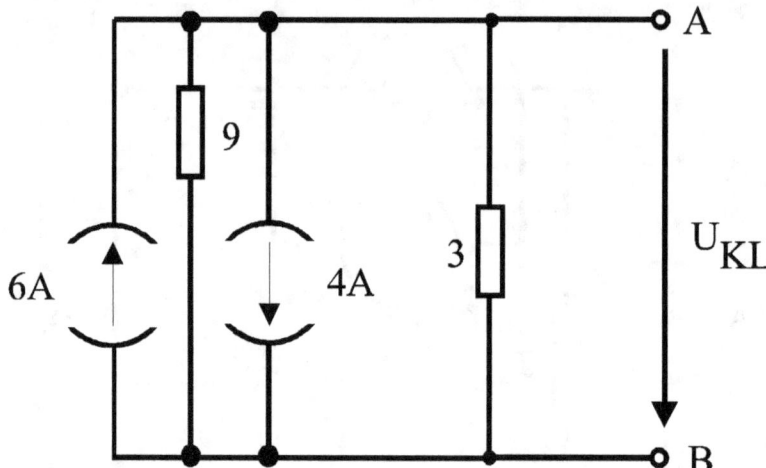

a) Berechnen Sie die sich ergebende Quellenspannung U_{KL}! (Lösungshinweis: Versuchen Sie zunächst, die Elemente soweit wie möglich zusammenzufassen!)

Nun werden die Klemmen A und B kurzgeschlossen (= miteinander verbunden).

b) Welcher Kurzschlussstrom I_K fließt durch den Kurzschluss?

c) Bestimmen Sie die Elemente U_0 und R_i einer Ersatzspannungsquelle, die sich bezüglich der Klemmen A-B genauso verhält, wie die oben abgebildete Schaltung.

Ergebnisse:

a)   4,5V

b)   2A

c)   4,5V; 2,25Ω

Aufgabe 3 (Klausur 25.06.1999)   10 Punkte

Gegeben ist die folgende Schaltung (Widerstandswerte sind in Ohm angegeben).

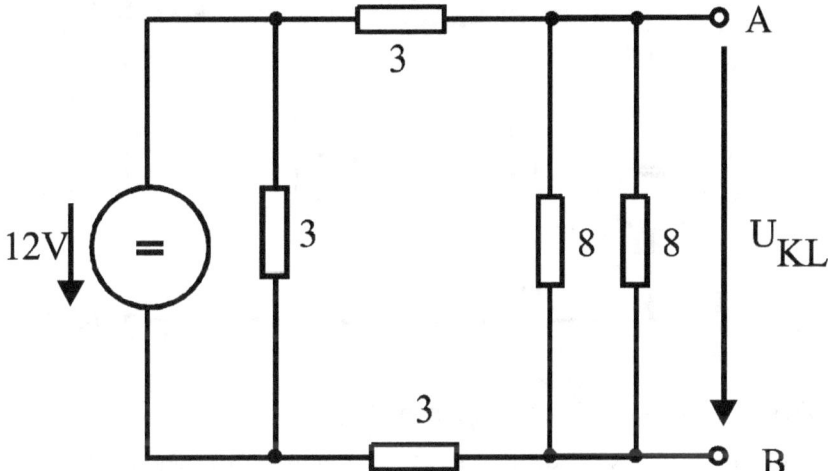

a) Berechnen Sie die sich ergebende Quellenspannung U_{KL}!

Nun werden die Klemmen A und B kurzgeschlossen (= miteinander verbunden).

b) Welcher Kurzschlussstrom I_K fließt durch den Kurzschluss?

c) Bestimmen Sie die Elemente U_0 und R_i einer Ersatzspannungsquelle, die sich bezüglich der Klemmen A-B genauso verhält, wie die oben abgebildete Schaltung.

Ergebnisse:

a) 4,8V

b) 2A

c) 4,8V

    2,4Ω

Aufgabe 3 (Klausur 24.09.1999)   10 Punkte

Gegeben ist die folgende Schaltung (Widerstandswerte sind in Ohm angegeben).

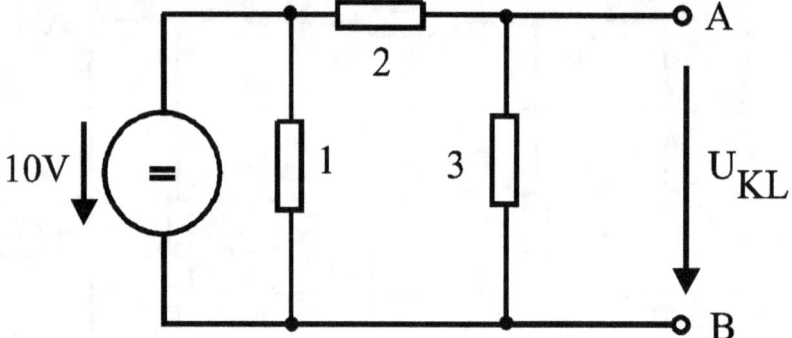

a) Berechnen Sie die sich ergebende Quellenspannung U_{KL}!

Nun werden die Klemmen A und B kurzgeschlossen (= miteinander verbunden).

b) Welcher Kurzschlussstrom I_K fließt durch den Kurzschluss?

c) Bestimmen Sie die Elemente U_0 und R_i einer Ersatzspannungsquelle, die sich bezüglich der Klemmen A-B genauso verhält, wie die oben abgebildete Schaltung.

Ergebnisse:

a) 6V

b) 5A

c) 6V, 1,2 Ohm

Aufgabe 3 (Klausur 06.02.2013)   10 Punkte

Gegeben ist die folgende Schaltung (Widerstandswerte sind in Ohm angegeben).

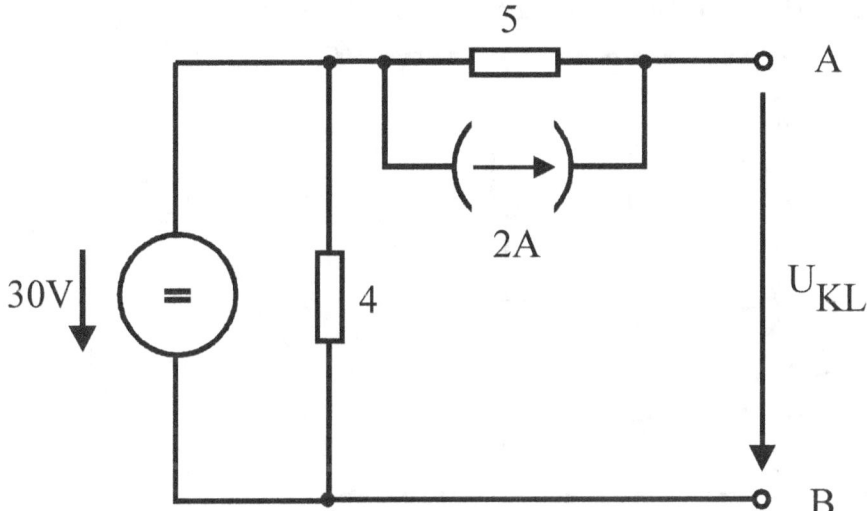

a) Berechnen Sie die sich ergebende Quellenspannung U_{KL}!

Nun werden die Klemmen A und B kurzgeschlossen (= miteinander verbunden).

b) Welcher Kurzschlussstrom I_K fließt durch den Kurzschluss?

c) Bestimmen Sie die Elemente U_0 und R_i einer Ersatzspannungsquelle, die sich bezüglich der Klemmen A-B genauso verhält, wie die oben abgebildete Schaltung.

Lösung:

a) $U_{KL} = 40V$

b) $I_K = 8A$

c) $U_0 = 40V\,;\ \ R_i = 5\Omega$

Aufgabe 3 (Klausur 07.02.1997)   12 Punkte

Gegeben ist eine Parallelschaltung von Strom und Spannungsquellen. Die Widerstandswerte sind in der Schaltung jeweils in Ohm angegeben.

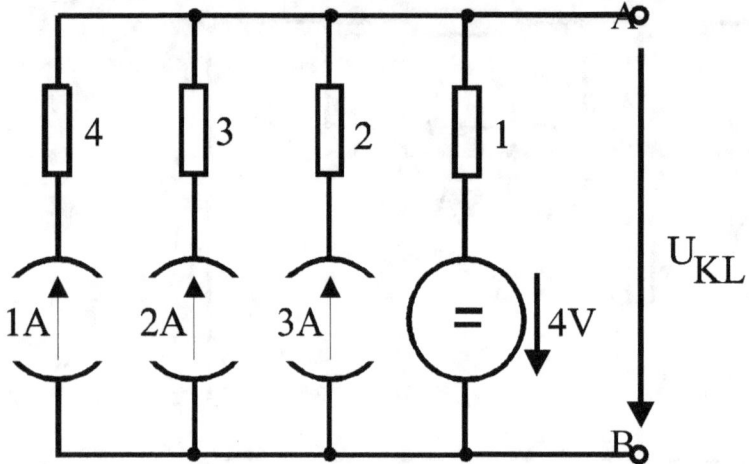

a) Berechnen Sie die sich ergebende Klemmenspannung U_{KL}!

    Nun werden die Klemmen A und B kurzgeschlossen (= miteinander verbunden).

b) Welcher Kurzschlussstrom I_K fließt durch den Kurzschluss?

c) Bestimmen Sie die Elemente U_0 und R_i einer Ersatzspannungsquelle.

Aufgabe 3 (Klausur 27.06.1997)   9 Punkte

Gegeben ist eine Zusammenschaltung von Strom und Spannungsquellen.

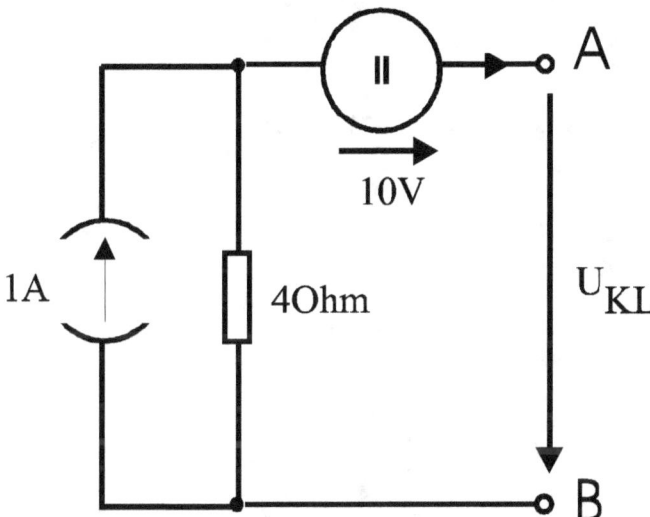

a) Berechnen Sie die sich ergebende Quellenspannung U_{KL}!

Nun werden die Klemmen A und B kurzgeschlossen (= miteinander verbunden).

b) Welcher Kurzschlussstrom I_K fließt durch den Kurzschluss?

c) Bestimmen Sie die Elemente U_0 und R_i einer Ersatzspannungsquelle, die sich bezüglich der Klemmen A-B genauso verhält, wie die oben abgebildete Schaltung.

Aufgabe 3 (Klausur 13.02.1998)   10 Punkte

Gegeben ist eine Zusammenschaltung von Stromquellen und Widerständen (die Widerstandswerte sind in Ohm angegeben).

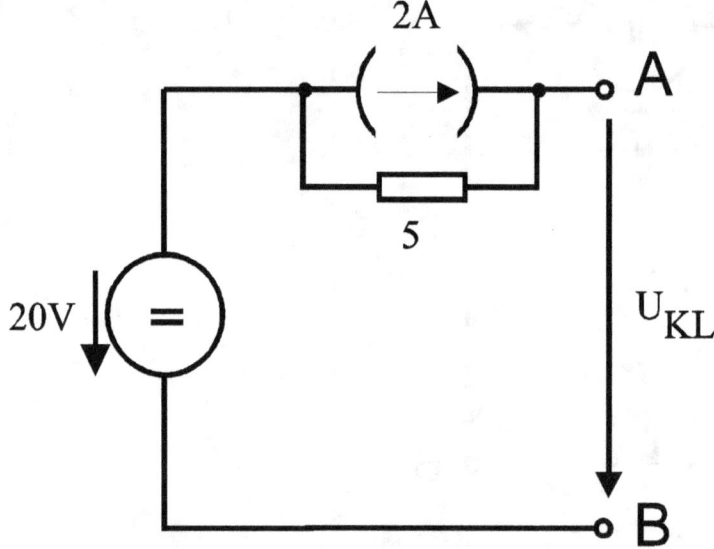

b) Berechnen Sie die sich ergebende Quellenspannung U_{KL}!

Nun werden die Klemmen A und B kurzgeschlossen (= miteinander verbunden).

d) Welcher Kurzschlussstrom I_K fließt durch den Kurzschluss?

e) Bestimmen Sie die Elemente U_0 und R_i einer Ersatzspannungsquelle, die sich bezüglich der Klemmen A-B genauso verhält, wie die oben abgebildete Schaltung.

Aufgabe 3 (Klausur 16.03.1998)   10 Punkte

Gegeben ist eine Zusammenschaltung von Stromquellen und Widerständen (die Widerstandswerte sind in Ohm angegeben).

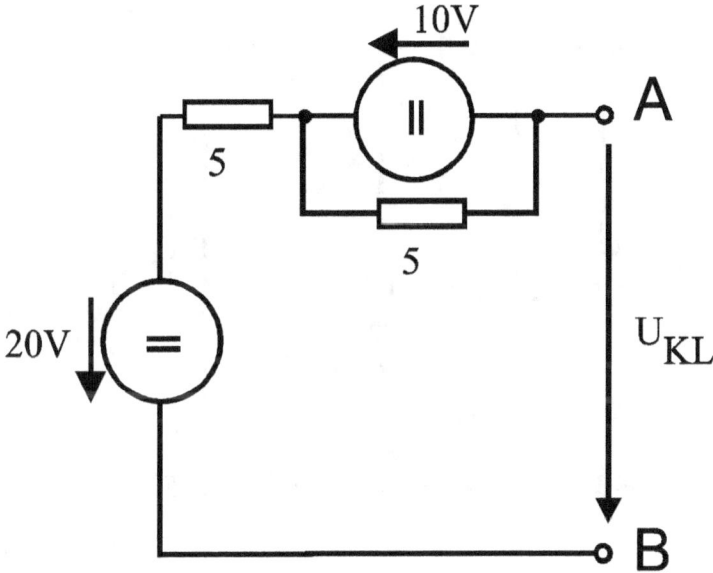

a) Berechnen Sie die sich ergebende Quellenspannung U_{KL}!

Nun werden die Klemmen A und B kurzgeschlossen (= miteinander verbunden).

b) Welcher Kurzschlussstrom I_K fließt durch den Kurzschluss?

c) Bestimmen Sie die Elemente U_0 und R_i einer Ersatzspannungsquelle, die sich bezüglich der Klemmen A-B genauso verhält, wie die oben abgebildete Schaltung.

Aufgabe 3 (Klausur 26.06.1998)   13 Punkte

Gegeben ist eine Zusammenschaltung von Stromquellen und Widerständen (die Widerstandswerte sind in Ohm angegeben).

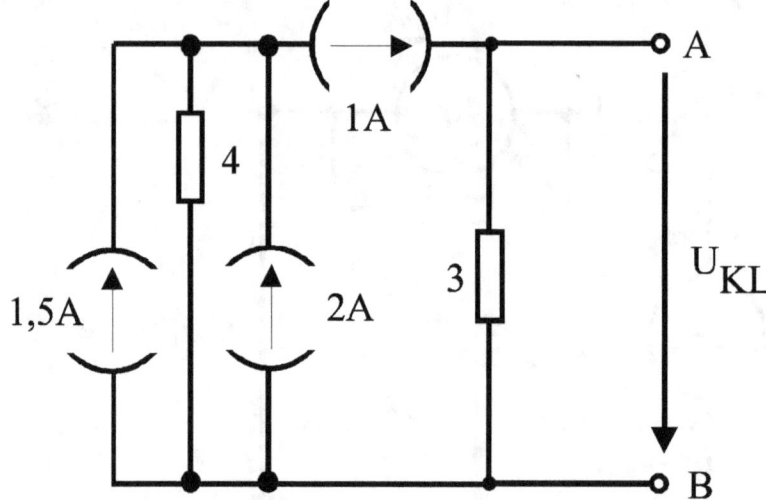

a) Berechnen Sie die sich ergebende Klemmenspannung U_{KL}!

Nun werden die Klemmen A und B kurzgeschlossen (= miteinander verbunden).

b) Welcher Kurzschlussstrom I_K fließt durch den Kurzschluss?

c) Bestimmen Sie die Elemente U_0 und R_i einer Ersatzspannungsquelle, die sich bezüglich der Klemmen A-B genauso verhält, wie die oben abgebildete Schaltung.

d) Welche Leistung nimmt der 4 Ohm Widerstand auf?

Aufgabe 3 (Klausur 11.02.2000)   10 Punkte

Gegeben ist die folgende Schaltung (Widerstandswerte sind in Ohm angegeben).

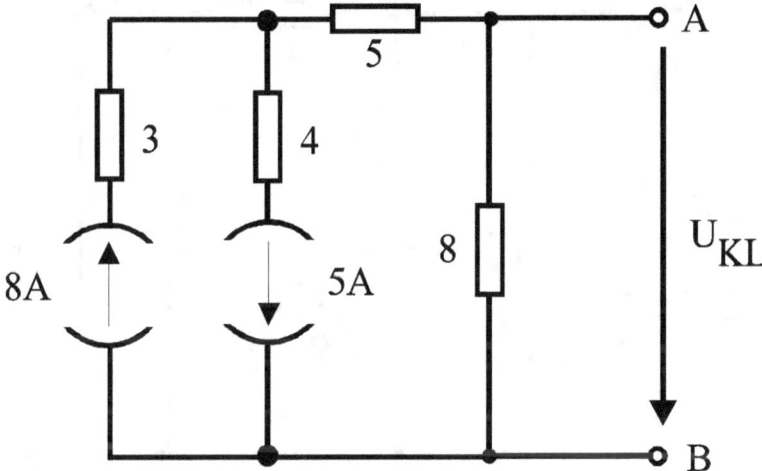

a) Berechnen Sie die sich ergebende Quellenspannung U_{KL}!

Nun werden die Klemmen A und B kurzgeschlossen (= miteinander verbunden).

b) Welcher Kurzschlussstrom I_K fließt durch den Kurzschluss?

c) Bestimmen Sie die Elemente U_0 und R_i einer Ersatzspannungsquelle, die sich bezüglich der Klemmen A-B genauso verhält, wie die oben abgebildete Schaltung.

Aufgabe 3 (Klausur 07.07.2000)   10 Punkte

Gegeben ist die folgende Schaltung (Widerstandswerte sind in Ohm angegeben).

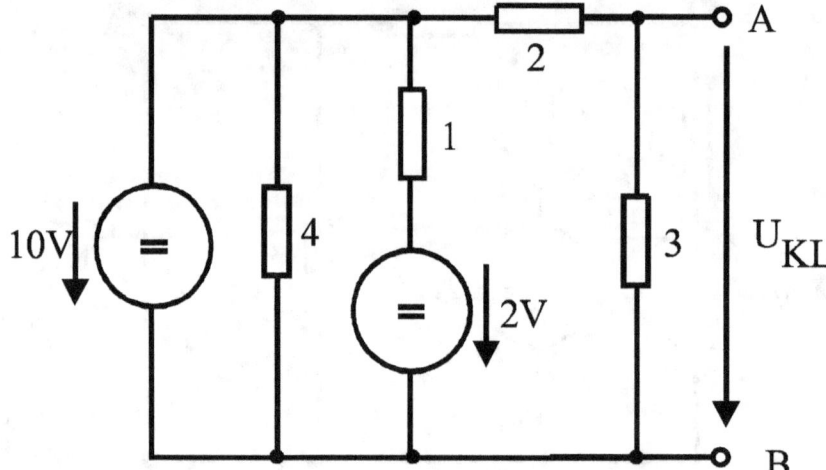

a) Berechnen Sie die sich ergebende Quellenspannung U_{KL}!

Nun werden die Klemmen A und B kurzgeschlossen (= miteinander verbunden).

b) Welcher Kurzschlussstrom I_K fließt durch den Kurzschluss?

c) Bestimmen Sie die Elemente U_0 und R_i einer Ersatzspannungsquelle, die sich bezüglich der Klemmen A-B genauso verhält, wie die oben abgebildete Schaltung.

Aufgabe 3 (Klausur 15.02.2002)   10 Punkte

Gegeben ist eine Zusammenschaltung von Spannungs- und Stromquellen sowie Widerständen (die Widerstandswerte sind in Ohm angegeben).

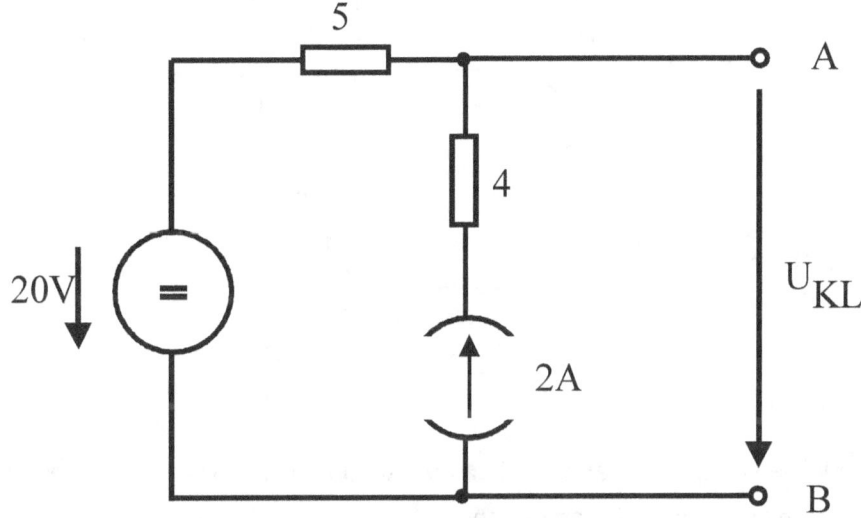

a) Berechnen Sie die sich ergebende Quellenspannung U_{KL}!

Nun werden die Klemmen A und B kurzgeschlossen (= miteinander verbunden).

b) Welcher Kurzschlussstrom I_K fließt durch den Kurzschluss?

c) Bestimmen Sie die Elemente U_0 und R_i einer Ersatzspannungsquelle, die sich bezüglich der Klemmen A-B genauso verhält, wie die oben abgebildete Schaltung.

Aufgabe 4 (Klausur 15.03.1999)   9 Punkte

Gegeben ist die folgende Zusammenschaltung von Widerständen. Die Widerstandswerte in Ohm sind jeweils direkt an den Widerständen vermerkt.

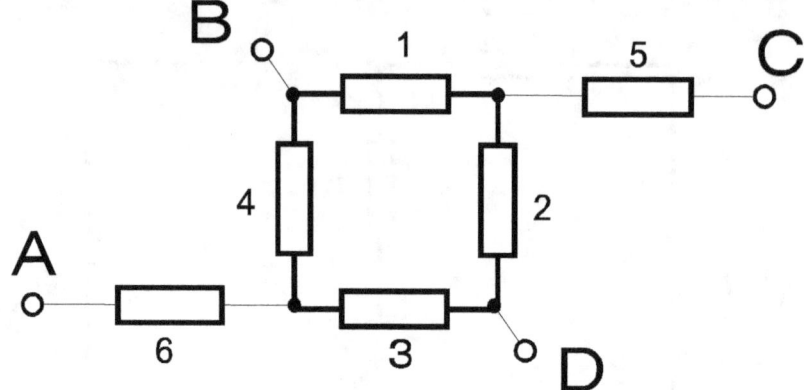

a) Wie groß ist der Widerstand, den man zwischen den Klemmen A und C messen kann?

Nun wird der Punkt B mit dem Punkt D verbunden.

b) Wie groß ist dann der Widerstand, den man dann zwischen den Klemmen A und C messen kann?

Nun wird der Punkt A mit dem Punkt C zusätzlich verbunden (die punkte B und D bleiben verbunden).

c) Welchen Widerstand misst man dann zwischen B und A?

Klausurlösung als Podcast Tutorial:

http://books.webfee.net/Klausuren/Wink/Aufgabe4.htm

Aufgabe 4 (Klausur 10.07.2007)   9 Punkte

Gegeben ist die folgende Zusammenschaltung von Widerständen. Die Widerstandswerte in Ohm sind jeweils direkt an den Widerständen vermerkt.

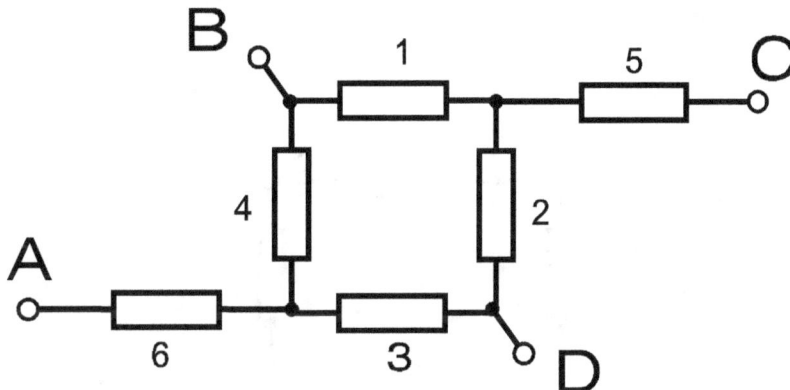

a) Wie groß ist der Widerstand, den man zwischen den Klemmen A und C messen kann?

Nun wird der Punkt B mit dem Punkt D verbunden.

b) Wie groß ist dann der Widerstand, den man dann zwischen den Klemmen A und C messen kann?

Nun wird der Punkt A mit dem Punkt C zusätzlich verbunden (die Punkte B und D bleiben verbunden).

c) Welchen Widerstand misst man dann zwischen B und A?

_____

Lösung:

a) $R_a = (6 + (4+1)\,\|\,(3+2) + 5)\Omega = (6 + 2,5 + 5)\Omega = 13,5\Omega$ ③

b) $R_b = (6 + 4\,\|\,3 + 1\,\|\,2 + 5)\Omega = (6 + \dfrac{4\cdot3}{7} + \dfrac{1\cdot2}{3} + 5)\Omega =$

$= (6 + \dfrac{36}{21} + \dfrac{14}{21} + 5)\Omega = 13\dfrac{8}{21}\Omega = 13,38\Omega$ ③

c) $R_C = ((4\,\|\,3 + 6)\,\|\,((1\,\|\,2) + 5))\Omega = (6\dfrac{12}{7}\,\|\,5\dfrac{2}{3})\Omega = 3,267\Omega$ ③

Aufgabe 4 (Klausur 02.10.1996)   10 Punkte

Gegeben ist die folgende Zusammenschaltung von Widerständen. Die Widerstandswerte in Ohm sind jeweils direkt an den Widerständen vermerkt.

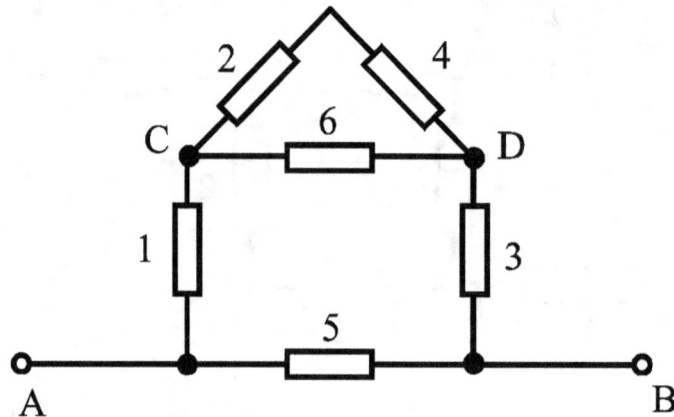

a) Wie groß ist der Widerstand, den man zwischen den Klemmen A und B messen kann?

b) Nun werden die Klemmen A und D kurzgeschlossen (miteinander verbunden). Wie groß ist nun der Widerstand, den man zwischen den Klemmen A und B messen kann?

c) Nun werden die Klemmen B und C **zusätzlich** kurzgeschlossen (miteinander verbunden). Wie groß ist nun der Widerstand, den man zwischen den Klemmen A und B messen kann?

Lösung:

a) $R_{AB}=5\|(3+(6\|(2+4))+1)\Omega=(5\|7)\Omega=5*7\Omega/(5+7)=35/12\Omega=2{,}917\Omega$

b) $R_{AB}=(3\|5)\Omega=3*5\Omega/(3+5)=15\Omega/8=1{,}875\Omega$

c) $R_{AB}=(3\|5\|1\|(6\|(2+4)))\Omega=(3\|5\|1\|3)\Omega=1\Omega/(1/3+1/5+1+1/3)=0{,}536\Omega$

Aufgabe 5 (Klausur 05.02.1996)   13 Punkte

Gegeben ist die folgende Schaltung Bestehend aus 5 Widerständen und dem Schalter S1.

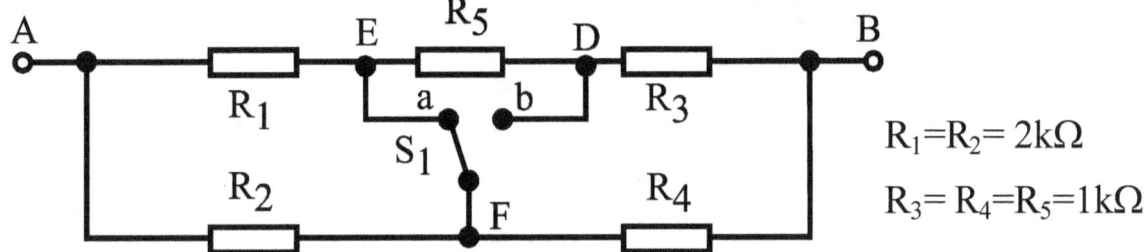

$R_1 = R_2 = 2k\Omega$

$R_3 = R_4 = R_5 = 1k\Omega$

a) Bestimmen Sie den Widerstand der Schaltung bezüglich der Klemmen A-B für den Fall, dass der Schalter sich in Stellung a befindet!

b) Bestimmen Sie den Widerstand der Schaltung bezüglich der Klemmen A-B für den Fall, dass der Schalter sich in Stellung b befindet!

c) Nun wird anstelle des Schalters S1 eine ideale Spannungsquelle zwischen die Punkte E und F mit einer Spannung von U = 10V geschaltet. Ermitteln Sie nun die Elemente U_0 und R_i einer Ersatzspannungsquelle bezüglich der Punkte E und D!

Lösung:

a) R_{AB} = R1//R2 + R4//(R5+R3) = (1+1//2)kOhm = 5/3kOhm = 1,66kOhm

b) R_{AB} = R3//R4 + R2//(R1+R5) = (0,5+2//3)kOhm = 0,5kOhm+6/5kOhm = 1,7kOhm

c) U_0 = R5/(R5+R3+R4)·U = 1/3·U = 3,3V

     R_i = R5//(R3+R4) = 0,66kOhm

Aufgabe 4 (Klausur 05.02.1996)   15 Punkte

Gegeben ist eine Schaltung nach Bild 4. Die jeweiligen Widerstandswerte in Ohm sind neben den jeweiligen Widerständen angegeben.

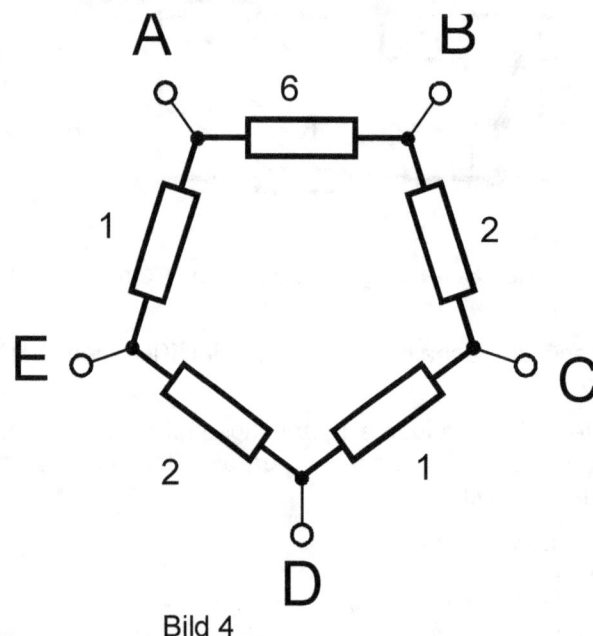

Bild 4

a) Berechnen Sie den Widerstand zwischen den Klemmen A und B (wenn die anderen Klemmen jeweils unbeschaltet sind)!

b) Berechnen Sie den Widerstand zwischen den Klemmen A und C (wenn die anderen Klemmen jeweils unbeschaltet sind)!

Nun wird zwischen den Klemmen A und C eine **ideale** Spannungsquelle mit $U_0 = 12V$ angeschlossen.

c) Ermitteln Sie die Ersatzspannungsquelle bezüglich der Klemmen D und E (geben Sie die Leerlaufspannung und den sich ergebenden Innenwiderstand der Ersatzspannungsquelle an)!

Ergebnisse:

a) $R_{AB} = 3\Omega$

b) $R_{AC} = 2,67\Omega$

c) $U_0 = 6V$, $R_i = 1\Omega$

Aufgabe 4 (Klausur 14.03.1997)   10 Punkte

Gegeben ist die folgende Zusammenschaltung von Widerständen. Die Widerstandswerte in Ohm sind jeweils direkt an den Widerständen vermerkt.

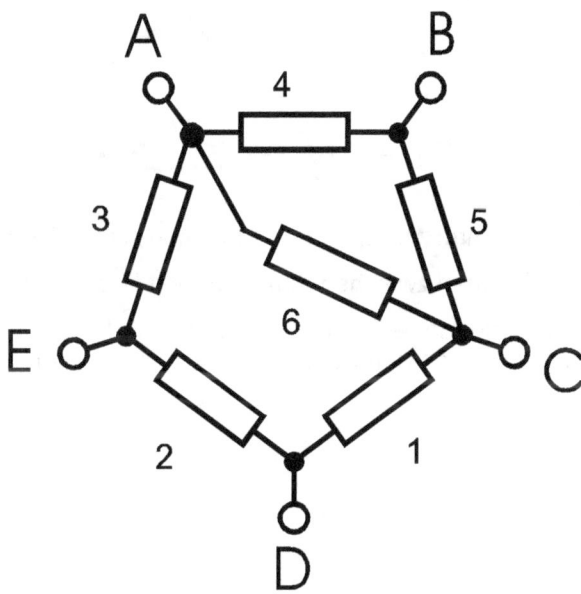

a) Wie groß ist der Widerstand, den man zwischen den Klemmen A und C messen kann?

b) Wie groß ist der Widerstand, den man zwischen den Klemmen A und B messen kann?

c) Nun wird zwischen A und C eine **ideale** Spannungsquelle mit der Spannung 15V angeschlossen. An die obige Schaltung soll nun ein Verbraucher an die Klemmen A und E angeschlossen werden. Bestimmen Sie die Elemente der Ersatzspannungsquelle, durch die die obige Schaltung bezüglich der Klemmen A und E ersetzt werden kann.

Ergebnisse:

a) R_{AC} = 2,25 Ω

b) R_{AB} = 2,67 Ω

c) U_0 = 7,5 V; R_i = 1,5 Ω

Aufgabe 4 (Klausur 25.09.1997)   11 Punkte

Gegeben ist die folgende Zusammenschaltung von Widerständen und einer Spannungsquelle. Die Widerstandswerte in Ohm sind jeweils direkt an den Widerständen vermerkt.

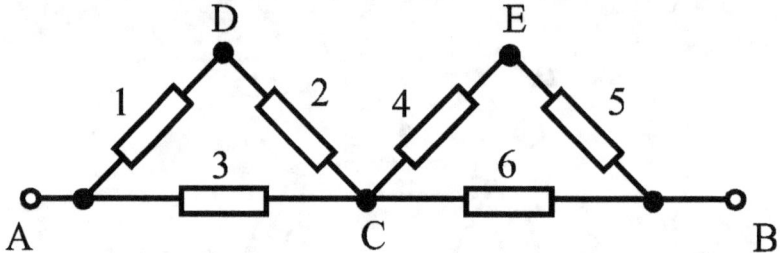

a) Wie groß ist der Widerstand, den man zwischen den Klemmen A und B messen kann?

b) Wie groß ist der Widerstand, den man zwischen den Klemmen D und E messen kann?

c) An Klemme A und B wird nun eine ideale Spannungsquelle mit der Spannung 10,2V angeschlossen. Welche Spannung kann dann zwischen den Punkten A und D gemessen werden?

Ergebnisse:

a) $5,1\Omega$

b) $4,27\Omega$

c) 1V

Aufgabe 4 (Klausur 24.09.1998)   9 Punkte

Gegeben ist die folgende Zusammenschaltung von Widerständen. Die Widerstandswerte in Ohm sind jeweils direkt an den Widerständen vermerkt.

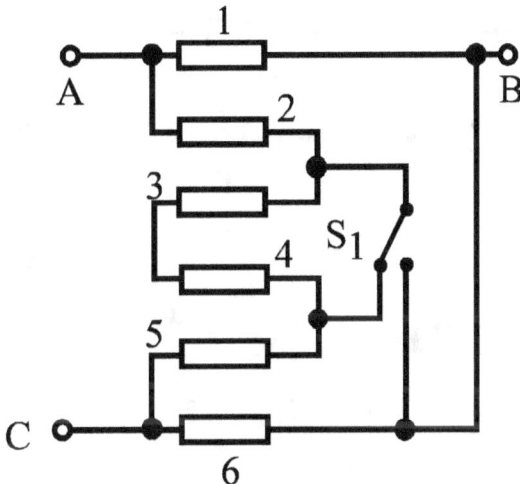

Zunächst befindet sich der Schalter in der eingezeichneten linken Position.

a) Wie groß ist der Widerstand, den man zwischen den Klemmen B und C messen kann?

Nun wird der Schlter in die rechte Position geschaltet.

b) Wie groß ist dann der Widerstand, den man dann zwischen den Klemmen B und C messen kann?

c) Welchen Widerstand mißt man dann zwischen A und B?

Ergebnisse:

a) $R_{BC} = 3,428 Ohm$

b) $R_{BC} = 4 Ohm$

c) $R_{AB} = 0,66 Ohm$

Aufgabe 4 (Klausur 12.02.1999)   9 Punkte

Gegeben ist die folgende Zusammenschaltung von Widerständen.

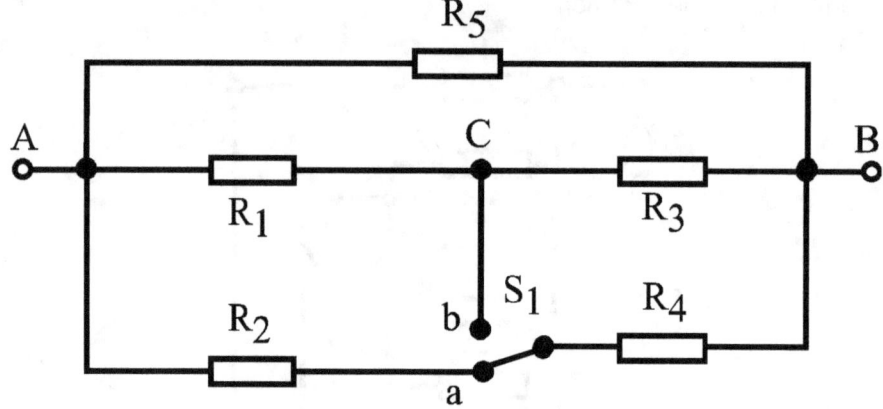

Werte: $R_1 = 1\Omega$, $R_2 = 2\Omega$, $R_3 = 3\Omega$, $R_4 = 4\Omega$, $R_5 = 5\Omega$

Zunächst befindet sich der Schalter in der eingezeichneten Position a.

a) Wie groß ist der Widerstand, den man zwischen den Klemmen A und B messen kann?

Nun wird der Schalter in die Position b geschaltet.

b) Wie groß ist dann der Widerstand, den man dann zwischen den Klemmen A und B messen kann?

c) Welchen Widerstand misst man dann zwischen B und C?

Ergebnisse:

a) $1{,}62\Omega$

b) $1{,}76\Omega$

c) $1{,}33\Omega$

Aufgabe 4 (Klausur 25.06.1999)   11 Punkte

Gegeben ist die folgende Zusammenschaltung von elektrischen Bauteilen.

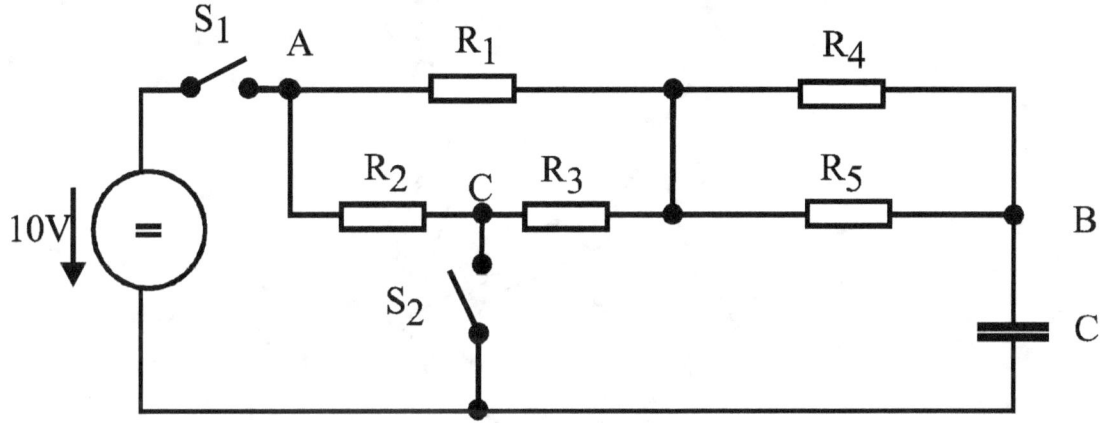

Werte: $R_1 = 1k\Omega$, $R_2 = 2k\Omega$, $R_3 = 3k\Omega$, $R_4 = 4k\Omega$, $R_5 = 5k\Omega$, $C = 1uF$

Zunächst seien beide Schalter geöffnet!

a) Wie groß ist der Widerstand, den man zwischen den Klemmen A und B messen kann?

b) Wie groß ist dann der Widerstand, den man dann zwischen den Klemmen B und C messen kann?

Nun wird der Schalter 1 geschlossen.

c) Auf welche Spannung ist der Kondensator nach einer Zeit von 3ms nach Schließen des Schalters aufgeladen?

Nun wird der Schalter 1 geöffnet und der Schalter 2 geschlossen.

d) Mit welcher Zeitkonstante sinkt die Spannung am Kondensator ab (Zahlenwert!)?

Ergebnisse:

a) 3,055 kΩ

b) 3,722 kΩ

c) 6,25V (je nach Rundung auch 6,32V)

d) 3,7ms

Aufgabe 4 (Klausur 24.09.1999)   9 Punkte

Gegeben ist die folgende Zusammenschaltung von Widerständen.

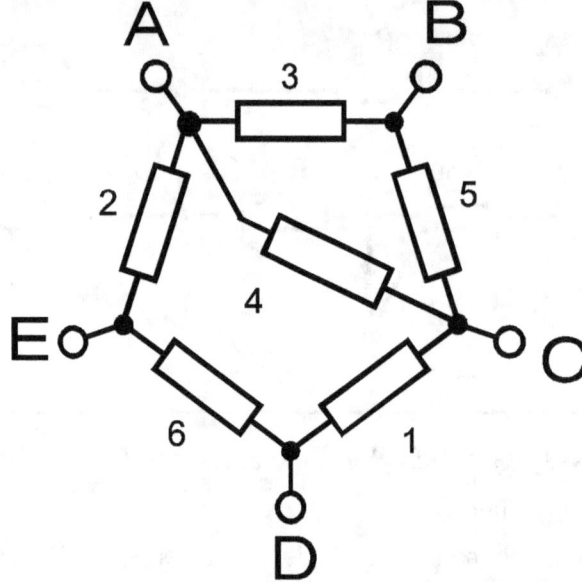

a) Wie groß ist der Widerstand, den man zwischen den Klemmen E und D messen kann?

b) Wie groß ist der Widerstand, den man dann zwischen den Klemmen A und B messen kann?

Nun werden Punkt A und C verbunden (=kurzgeschlossen).

c) Welchen Widerstandswert misst man dann zwischen B und E?

Ergebnisse:

a) 2,914 Ohm

b) 2,164 Ohm

c) 3,43 Ohm

Aufgabe 4 (Klausur 06.02.2013)   9 Punkte

Gegeben ist die folgende Zusammenschaltung von Widerständen.

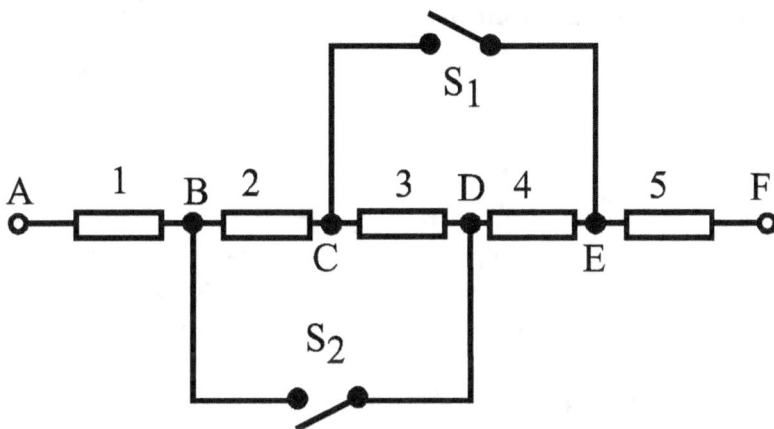

Werte: sind direkt an den Widerständen in Ohm angegeben

d) Wie groß ist der Widerstand, den man zwischen den Klemmen A und F messen kann, wenn sich beide Schalter geöffnet sind?

e) Nun werden beide Schalter geschlossen. Wie groß ist dann der Widerstand zwischen den Klemmen A und F?

f) Nun werden die Klemmen A und F miteinander verbunden und der Schalter S_1 wieder geöffnet (der Schalter S_2 bleibt geschlossen). Welchen Widerstand misst man dann zwischen den Klemmen C und E?

Bitte geben Sie alle Ergebnisse auf zwei Nachkommastellen genau an!

Lösung:

a) $R_{AF} = 15\Omega$

b) $R_{AF} = (1 + 2 \parallel 3 \parallel 4 + 5)\Omega = 6\frac{12}{13}\Omega = 6{,}92\Omega$

c) $R_{CE} = (2 \parallel 3 + 4 \parallel (1 + 5))\Omega = 3{,}6\Omega$

Aufgabe 4 (Klausur 07.02.1997)   10 Punkte

Gegeben ist die folgende Zusammenschaltung von Widerständen. Die Widerstandswerte in Ohm sind jeweils direkt an den Widerständen vermerkt.

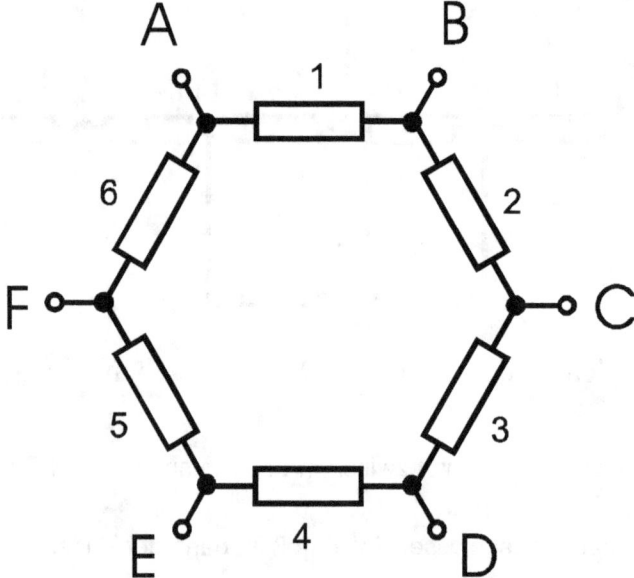

a) Wie groß ist der Widerstand, den man zwischen den Klemmen F und C messen kann?

b) Wie groß ist der Widerstand, den man zwischen den Klemmen A und F messen kann?

c) Nun wird zwischen A und F eine **ideale** Spannungsquelle mit der Spannung 15V angeschlossen. An die obige Schaltung soll nun ein Verbraucher an die Klemmen A und C angeschlossen werden. Bestimmen Sie die Elemente der Ersatzspannungsquelle, durch die die obige Schaltung bezüglich der Klemmen A und C ersetzt werden kann.

Aufgabe 4 (Klausur 27.06.1997)   12 Punkte

Gegeben ist die folgende Zusammenschaltung von Widerständen und einer Spannungsquelle. Die Widerstandswerte in Ohm sind jeweils direkt an den Widerständen vermerkt.

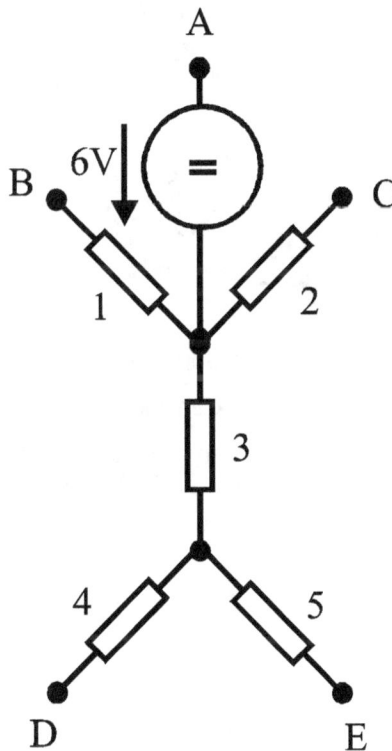

a) Wie groß ist der Widerstand, den man zwischen den Klemmen B und D messen kann?

b) Nun wird Klemme C mit Klemme E verbunden. Wie groß ist der Widerstand, den man zwischen den Klemmen C und D messen kann?

c) Klemme C und E werden wieder getrennt. Nun wird Klemme A mit Klemme E verbunden. An die obige Schaltung soll nun ein Verbraucher an die Klemmen B und D angeschlossen werden. Bestimmen Sie die Elemente der Ersatzspannungsquelle, durch die die obige Schaltung bezüglich der Klemmen B und D ersetzt werden kann.

Aufgabe 4 (Klausur 13.02.1998)　　　　　　　9 Punkte

Gegeben ist die folgende Zusammenschaltung von Widerständen und einer Spannungsquelle. Die Widerstandswerte in Ohm sind jeweils direkt an den Widerständen vermerkt.

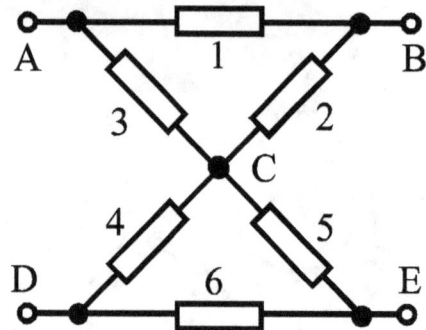

a) Wie groß ist der Widerstand, den man zwischen den Klemmen A und B messen kann?

b) Wie groß ist der Widerstand, den man zwischen den Klemmen A und E messen kann?

c) An Klemme C und E wird nun eine ideale Spannungsquelle mit der Spannung 10V angeschlossen. Welche Spannung kann dann zwischen den Punkten C und D gemessen werden?

Aufgabe 4 (Klausur 16.03.1998)   9 Punkte

Gegeben ist die folgende Zusammenschaltung von Widerständen und einer Spannungsquelle. Die Widerstandswerte in Ohm sind jeweils direkt an den Widerständen vermerkt.

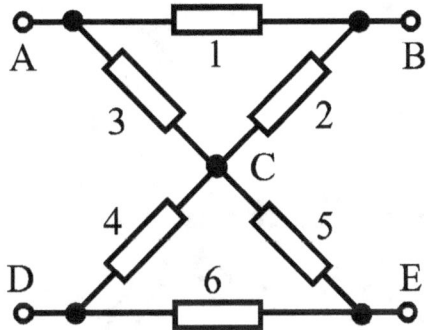

a) Wie groß ist der Widerstand, den man zwischen den Klemmen B und D messen kann?

b) Wie groß ist der Widerstand, den man dann zwischen den Klemmen D und E messen kann?

c) An Klemme D und E wird nun eine ideale Spannungsquelle mit der Spannung 10V angeschlossen. Welche Spannung kann dann zwischen den Punkten B und E gemessen werden?

Aufgabe 4 (Klausur 26.06.1998)   9 Punkte

Gegeben ist die folgende Zusammenschaltung von Widerständen und einer Spannungsquelle. Die Widerstandswerte in Ohm sind jeweils direkt an den Widerständen vermerkt.

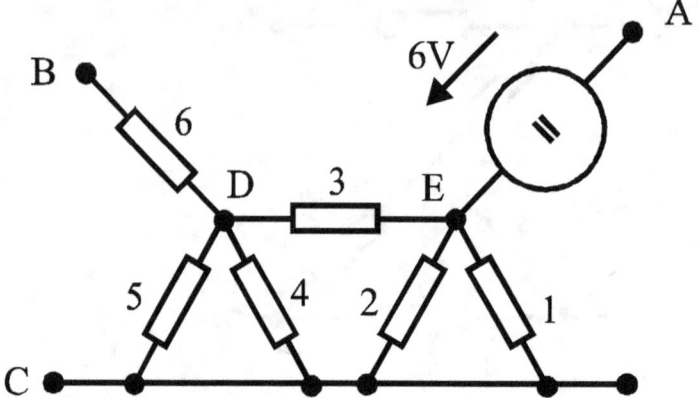

a) Wie groß ist der Widerstand, den man zwischen den Klemmen C und D messen kann?

b) Wie groß ist der Widerstand, den man dann zwischen den Klemmen D und E messen kann?

c) Nun werden die Klemmen A und B miteinander verbunden. Welche Spannung kann dann zwischen den Punkten D und E gemessen werden?

Aufgabe 4 (Klausur 11.02.2000)   9 Punkte

Gegeben ist die folgende Zusammenschaltung von Widerständen.

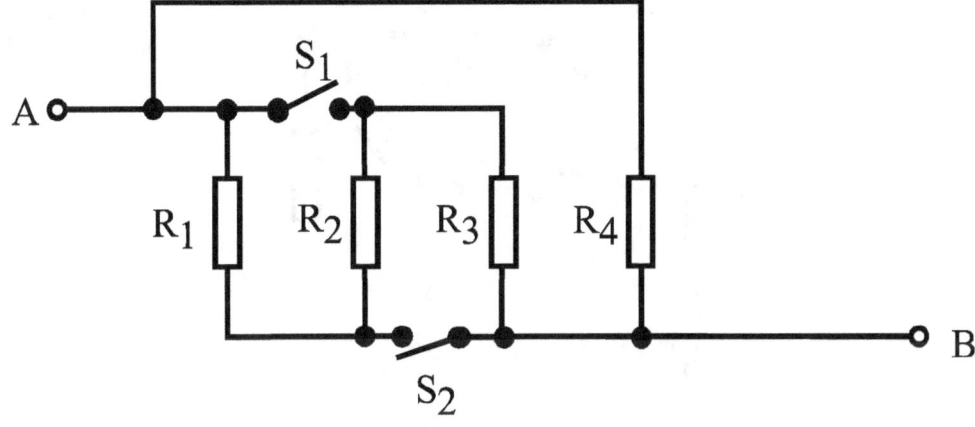

Werte: $R_1 = 1\Omega$, $R_2 = 2\Omega$, $R_3 = 3\Omega$, $R_4 = 4\Omega$,

a) Wie groß ist der Widerstand, den man zwischen den Klemmen A und B messen kann, wenn beide Schalter geöffnet sind?

b) Nun wird der Schalter S_1 geschlossen. Wie groß ist dann der Widerstand, den man dann zwischen den Klemmen A und B messen kann?

c) Welchen Widerstandswert misst man dann zwischen A und B, wenn beide Schalter geschlossen sind?

Aufgabe 4 (Klausur 07.07.2000)   9 Punkte

Gegeben ist die folgende Zusammenschaltung von Widerständen.

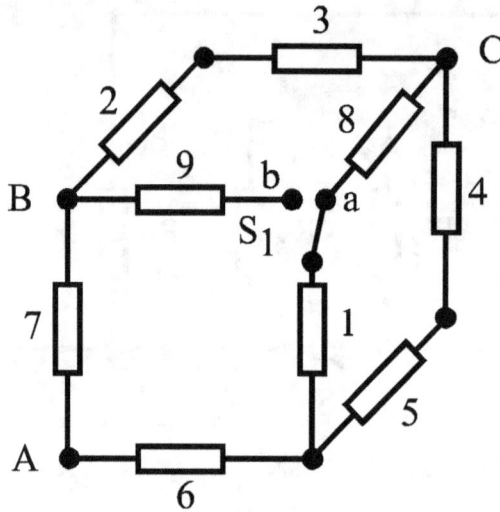

Werte: sind direkt an den Widerständen in Ohm angegeben

a) Wie groß ist der Widerstand, den man zwischen den Klemmen A und B messen kann, wenn sich der Schalter S_1 in Stellung a befindet?

b) Wie groß ist der Widerstand, den man zwischen den Klemmen B und C messen kann, wenn sich der Schalter S_1 in Stellung a befindet?

c) Welchen Widerstandswert misst man zwischen B und C wenn sich der Schalter S_1 in Stellung b befindet?

Aufgabe 4 (Klausur 15.02.2002)   8 Punkte

Gegeben ist die folgende Zusammenschaltung von Widerständen.

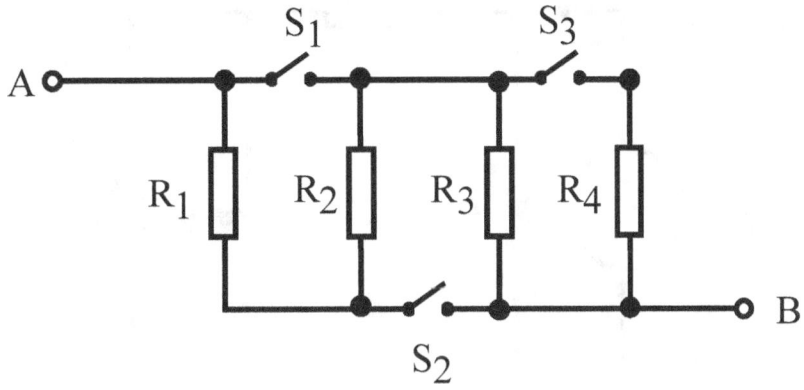

Werte: $R_1 = 1\Omega$, $R_2 = 2\Omega$, $R_3 = 3\Omega$, $R_4 = 4\Omega$,

Die Schalter seien zunächst alle **geschlossen!**

a) Wie groß ist der Widerstand, den man zwischen den Klemmen A und B messen kann?

Nun wird **nur** Schalter S_2 geöffnet.

b) Wie groß ist dann der Widerstand, den man dann zwischen den Klemmen A und B messen kann?

Nun seien die Schalter S_2 und S_3 geöffnet und nur der Schalter S_1 geschlossen.

c) Welchen Widerstand misst man dann zwischen A und B?

Nun seien die Schalter S_1 und S_2 geöffnet und nur der Schalter S_3 geschlossen.

d) Welchen Widerstand misst man dann zwischen A und B?

Aufgabe 5 (Klausur 15.03.1999)   19 Punkte

Gegeben sei die folgende Wechselstromschaltung.

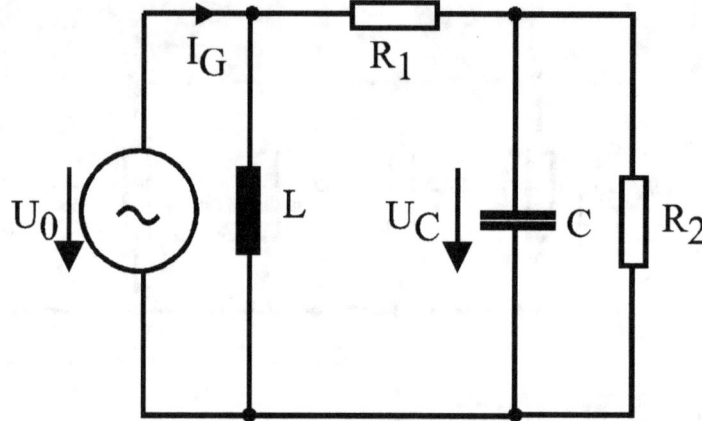

Werte: $U_C = 200V$, $R_1 = 234\Omega$, $R_2 = 400\Omega$, $L_1 = 1,9H$, $C = 6,4\mu F$, $f = 50Hz$

a) Ermitteln Sie mit Hilfe von Zeigerdiagrammen die Spannung U_0 an der Quelle sowie den von der Quelle abgegebenen Strom I_G sowie deren Phasenwinkel zueinander!

b) Welche Blindleistung nimmt die Schaltung auf?

Klausurlösung als Podcast Tutorial:

http://books.webfee.net/Klausuren/Wink/Aufgabe%205.htm

Aufgabe 5 (Klausur 10.07.2007)   20 Punkte

Gegeben sei die folgende Wechselstromschaltung.

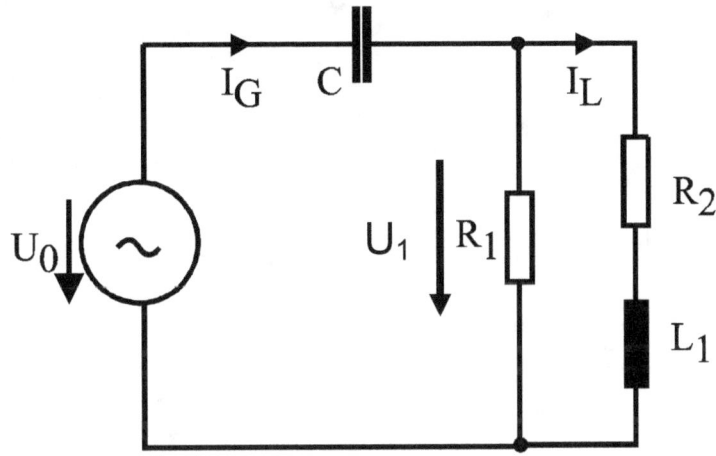

Werte: $I_L = 1A$, $R_1 = 100\Omega$, $R_2 = 100\Omega$, $L_1 = 160mH$, $C = 64\mu F$, $f = 50Hz$

a) Ermitteln Sie mit Hilfe von Zeigerdiagrammen die Spannung U_0 an der Quelle sowie den von der Quelle abgegebenen Strom I_G sowie deren Phasenwinkel zueinander!

b) Welche Wirkleistung nimmt die Schaltung auf?

a) $X_C = \dfrac{1}{\omega C} = 50\Omega$; $X_L = \omega L = 50\Omega$ ③

   $U_{R_2} = R_2 \cdot I_L = 100V$ ① $U_L = X_L \cdot I_L = 50V$ ①

   aus Zeichnung: $U_1 = 112V$ (oder $U_1 = \sqrt{U_{R_2}^2 + U_L^2}$)   ①

   $I_1 = \dfrac{U_1}{R_1} = 1{,}12A$, ①   aus Zeichnung : $I_G = 2A$ (exakt 2,06A) ①

   $U_C = X_C \cdot I_G = 100V$ ①   ①

   aus Zeichnung: $U_0 = 135V$, $\varphi = 36°$ ①

b) $P = U_1 \cdot I_1 + R_2 \cdot I_L^2 = 225W$
   (oder $P = U_0 \cdot I_G \cdot \cos\varphi = 225W$) ②

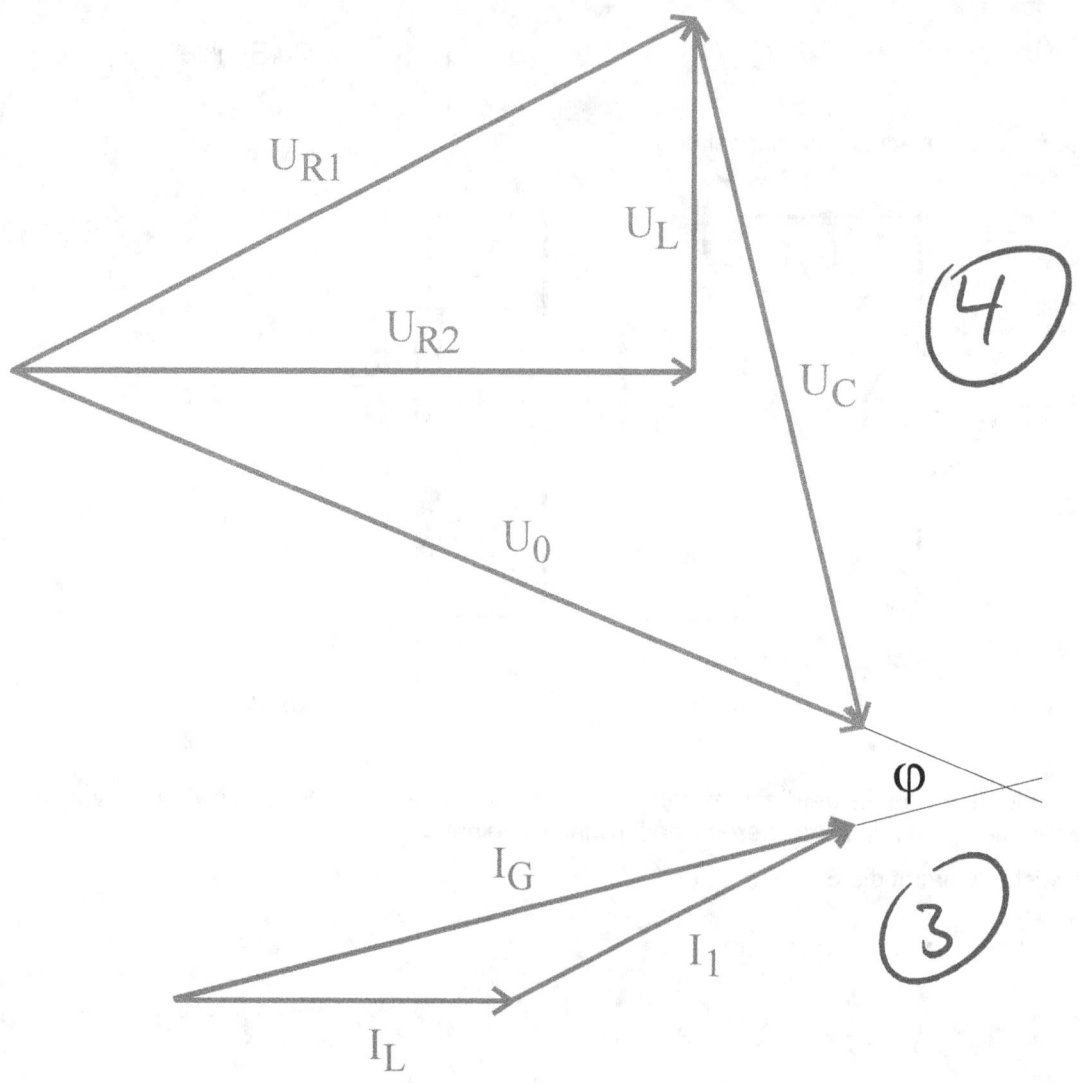

Exakte Ergebnisse bei komplexer Berechnung (nur zum Vergleich):

$$\underline{U}_1 = 100V + j50V \; , \quad \underline{I}_1 = 1A + j0,5A \; , \quad \underline{I}_G = 2A + j0,5A = 2,06 \cdot e^{j14°}$$

$$\underline{U}_C = -jX_C \cdot I_G = 25V - j100V$$

$$\underline{U}_0 = 125V - j50V = 135V \cdot e^{-j21,8°}$$

$$\varphi = 14° - (-21,8°) = 35,8°$$

Aufgabe 4 (Klausur 10.07.1996)   16 Punkte

In der folgenden Schaltung ist die Spannung U_C gegeben.

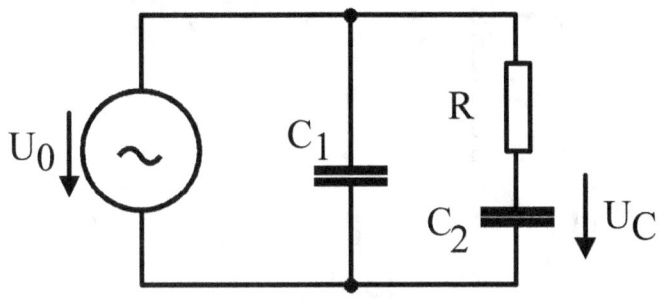

$C_1 = C_2 = 16\mu F$

$R = 200\Omega$

$U_C = 5V, 50Hz$

Ermitteln Sie auf zeichnerischem Weg die Größe der Spannung U_0 sowie den Betrag und die Phase des von der Quelle gelieferten Stromes!

Lösung:

$X_C = 1/\omega C = 1/(2\pi \cdot 50Hz \cdot 16 \cdot 10^{-6}\mu F) = 200 Ohm$

$I_C = U_C/X_C = 5V/200 Ohm = 25\ mA$

$U_R = I_C \cdot R_1 = 25mA \cdot 200 Ohm = 5\ V$

aus Zeichnung $U_1 = 7,1V = U_0$ $(=\sqrt{2} \cdot 5V)$

$I_1 = U_1/X_C = 35mA$

aus 2. Zeichnung ablesen: $\varphi = 72,5°$ und $I_G = 55mA$

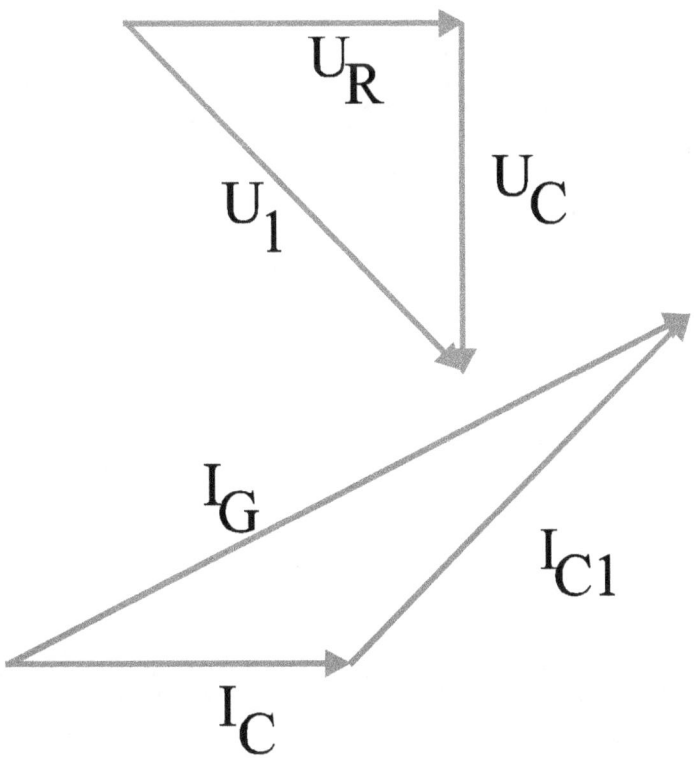

Aufgabe 5 (Klausur 12.02.1999)   18 Punkte

Gegeben sei die folgende Wechselstromschaltung.

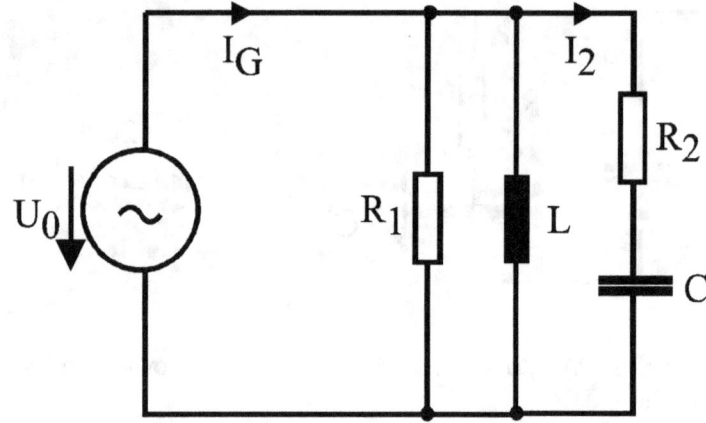

Werte: $I_2 = 2A$, $R_1 = 20\Omega$, $R_2 = 50\Omega$, $L_1 = 127mH$, $C = 160\mu F$, $f = 50Hz$

a) Ermitteln Sie mit Hilfe von Zeigerdiagrammen die Spannung U_0 an der Quelle sowie den von der Quelle abgegebenen Strom I_G sowie deren Phasenwinkel zueinander!

b) Welche Blindleistung nimmt die Schaltung auf?

Ergebnisse:

a) 108V, 7,6A, 15°

b) 210var

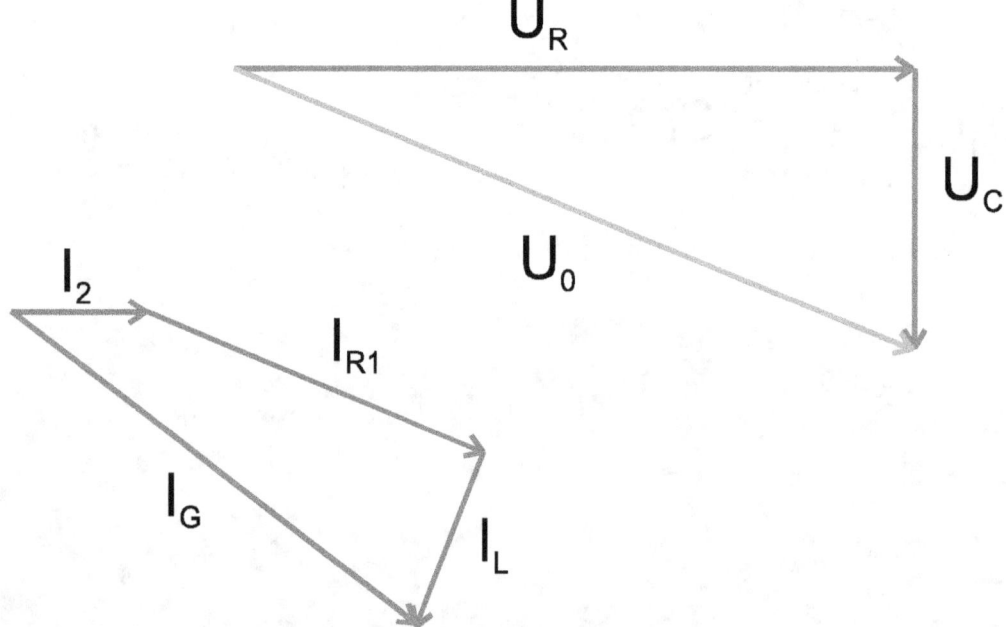

Aufgabe 3 (Klausur 24.09.1998)   15 Punkte

Gegeben ist eine Reihenschaltung aus einem Widerstand, einem Kondensator und einer Spule. Diese wird von einem Wechselstrom mit der Frequenz 50Hz und einer Stromstärke von 1A durchflossen.

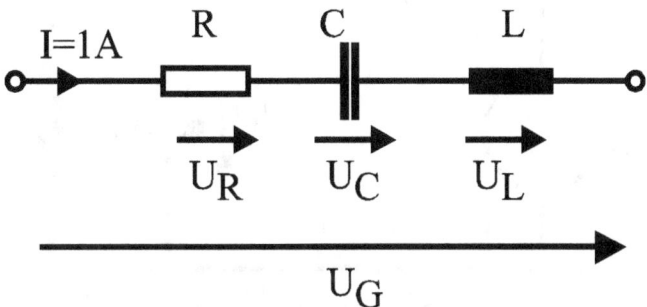

Werte: I = 1A, 50Hz, R = 10 Ohm, C = 320uF, L = 16mH

a) Zeichnen Sie die an den Bauelementen abfallenden Spannungen U_R, U_C und U_L und bestimmen Sie daraus die Gesamtspannung U_G!

b) Welches Bauelement müsste in Reihe zu dieser Anordnung geschaltet werden, damit die sich ergebende Schaltung nur noch Wirkleistung aufnimmt? (Hierbei ist auch die Angabe des erforderlichen Wertes des Bauteiles erforderlich, also z.B. in uF oder mH)

c) Wie groß ist diese Wirkleistung?

Lösung:

a) $X_c = 1/(\omega * C) = 1/(2\pi * 50Hz * 320 * 10^{-6}F) = 10\Omega$

        $X_L = \omega * L = 2\pi * 50Hz * 16mH = 5\Omega$

        $U_R = R * I = 10V$

        $U_C = X_C * I = 10V$

        $U_L = X_L * I = 5V$

        $U_G = \sqrt{(10^2 + 5^2)}V = 11,2V$

b)   Spule: 16mH

c) $P = I^2 * R = 10W$

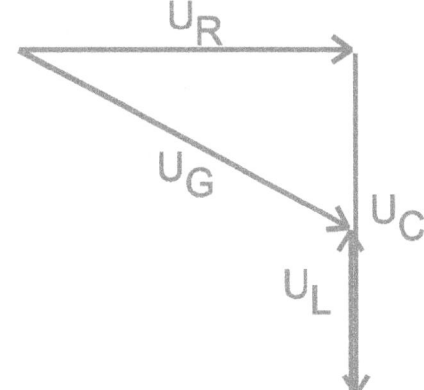

Aufgabe 5 (Klausur 14.03.1997)   18 Punkte

Gegeben sei die folgende Wechselstromschaltung.

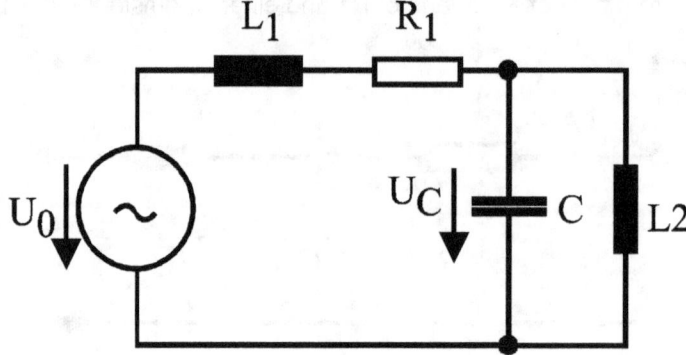

Werte: $U_C = 10V$, $R1 = 100\Omega$, $L1 = L2 = 320mH$, $C = 16\mu F$, $f = 50Hz$

Ermitteln Sie mit Hilfe von Zeigerdiagrammen die Spannung U_0 an der Quelle sowie den von der Quelle abgegebenen Strom sowie deren Phasenwinkel zueinander!

Ergebnisse:

$U_0 = 7,1$ V

$I_G = 50$ mA

$\varphi = 45°$

Aufgabe 5 (Klausur 25.09.1997)   17 Punkte

Gegeben sei die folgende Wechselstromschaltung.

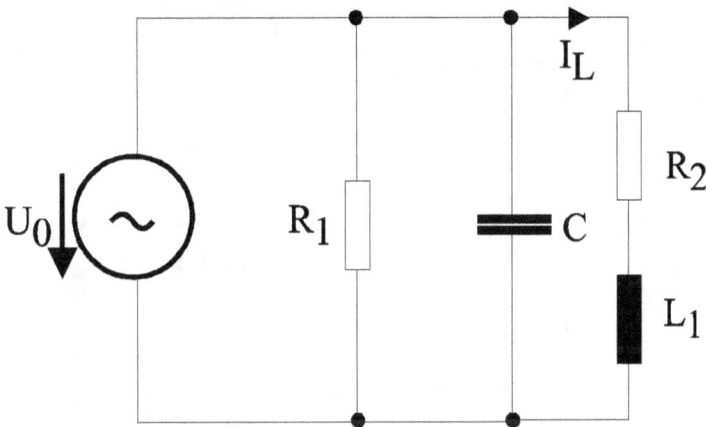

Werte: $I_L = 200mA$, $R_1 = 220\Omega$, $R_2 = 50\Omega$, $L_1 = 320mH$, $C = 16\mu F$, $f = 50Hz$

a) Ermitteln Sie mit Hilfe von Zeigerdiagrammen die Spannung U_0 an der Quelle sowie den von der Quelle abgegebenen Strom I_0 sowie deren Phasenwinkel zueinander!

b) Welche Wirkleistung nimmt die Schaltung auf?

Ergebnisse:

a) 200mA, 19°

b) 4,5W

Aufgabe 5 (Klausur 24.09.1998)   19 Punkte

Gegeben sei die folgende Wechselstromschaltung.

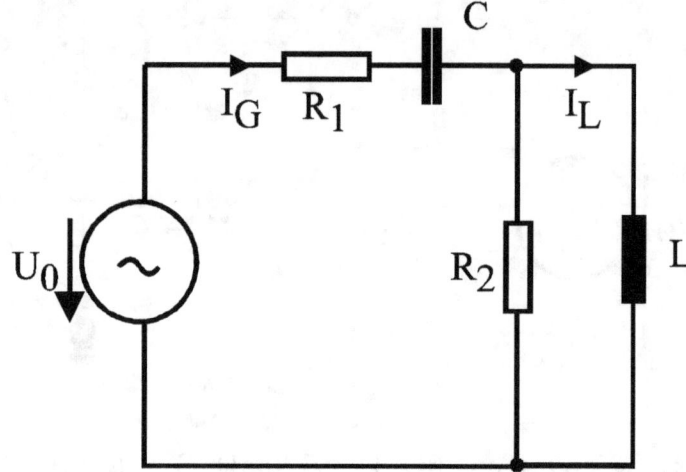

Werte: $I_L = 1A$, $R_1 = 100\Omega$, $R_2 = 100\Omega$, $L_1 = 160mH$, $C = 64\mu F$, $f = 50Hz$

a) Ermitteln Sie mit Hilfe von Zeigerdiagrammen die Spannung U_0 an der Quelle sowie den von der Quelle abgegebenen Strom I_G sowie deren Phasenwinkel zueinander!

b) Welche Blindleistung nimmt die Schaltung auf?

Ergebnisse:

a) $U_0 = 135V$, $I_G = 1,12A$, $\varphi = 5°$

b) $Q = 13var$

Aufgabe 5 (Klausur 25.06.1999)   19 Punkte

Gegeben sei die folgende Wechselstromschaltung.

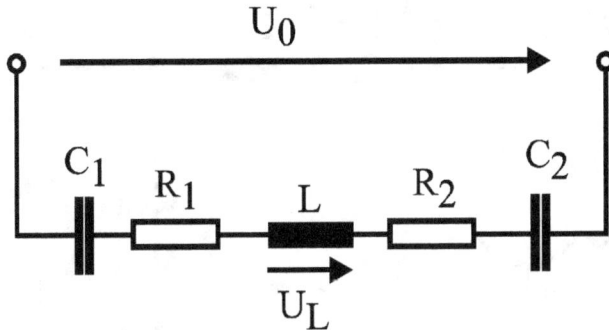

Werte: $U_L = 60V$, $R_1 = 20\Omega$, $R_2 = 40\Omega$, $L_1 = 0{,}19H$, $C_1 = 64\mu F$, $C_2 = 128\mu F$, f = 50Hz

a) Ermitteln Sie mit Hilfe von Zeigerdiagrammen die Spannung U_0 an der Quelle sowie den von der Quelle abgegebenen Strom I_G sowie deren Phasenwinkel zueinander!

b) Welche Blindleistung nimmt die Schaltung auf?

c) Auf welchen Wert muss der Kondensator C_1 geändert werden, damit die Schaltung keine Blindleistung mehr aufnimmt?

Ergebnisse:

a) 62V, 14°

b) 15var

c) 91uF

Aufgabe 5 (Klausur 24.09.1999)   19 Punkte

Gegeben sei die folgende Wechselstromschaltung.

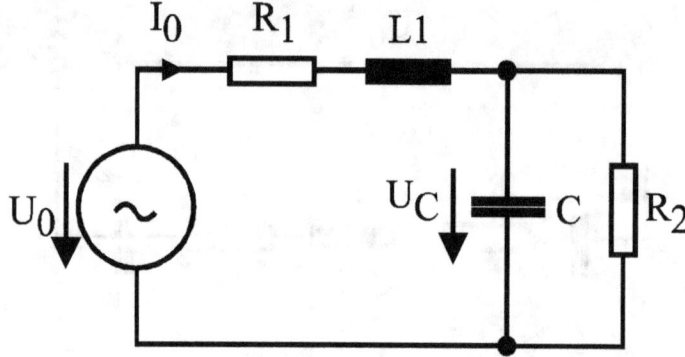

Werte: $U_C = 10V$, $R_1 = 20\Omega$, $R_2 = 40\Omega$, $L_1 = 64mH$, $C = 128\mu F$, $f = 50Hz$

a) Ermitteln Sie mit Hilfe von Zeigerdiagrammen die Spannung U_0 an der Quelle sowie den von der Quelle abgegebenen Strom I_0 sowie deren Phasenwinkel zueinander!

b) Welche Blindleistung nimmt die Schaltung auf?

Ergebnisse:

a)   14,8V, 4°

b)   0,5 var

Aufgabe 4 (Klausur 22.03.1996)   16 Punkte

In der folgenden Schaltung ist die Spannung U_C gegeben.

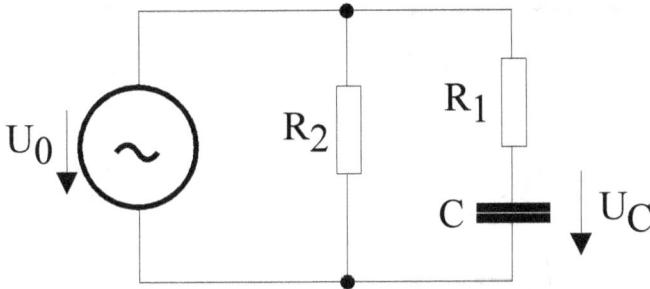

$C = 16\mu F$, $R_1 = 200\Omega$, $R_2 = 350\Omega$, $U_C = 5V$, 50Hz

Ermitteln Sie auf zeichnerischem Weg die Größe der Spannung U_0 sowie den Betrag und die Phase des von der Quelle gelieferten Stromes!

Ergebnisse:

a) $U_0 = 7,1V$; $|I| = 41,5mA$; $\varphi = 25°$

Aufgabe 5 (Klausur 06.02.2013)   17 Punkte

Gegeben sei die folgende Wechselstromschaltung.

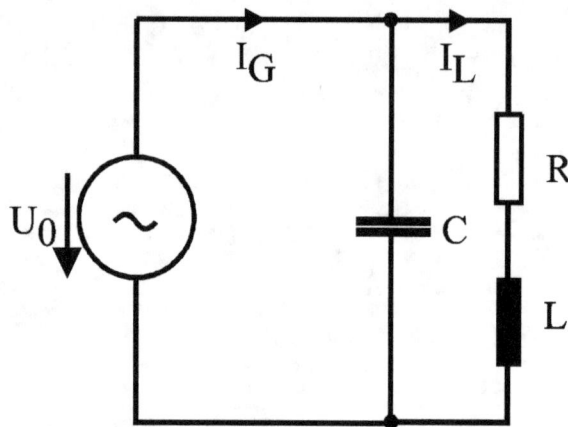

Werte: $I_L = 5A$, $R = 10\,\Omega$, $C = 128\mu F$, $L = 32mH$, $f = 50Hz$

a)   Ermitteln Sie mit Hilfe von Zeigerdiagrammen die Spannung U_0 an der Quelle sowie den von der Quelle abgegebenen Strom I_G sowie deren Phasenwinkel zueinander!

b)   Welche Wirkleistung nimmt die Schaltung auf?

c)   Wie groß ist der Wert von I_G, wenn die Spannung U_0 auf 230V geändert wird?

Lösung:

a) $X_C = 25\Omega$, $X_L = 10\Omega$

$U_R = R \cdot I_L = 50V$, $U_L = X_L \cdot I_L = 50V$

aus Zeichnung: $U_0 = 71V$

$I_C = \dfrac{U_0}{X_C} = 2,8A$

aus Zeichnung: $I_G = 3,6A$ $\varphi = 11,3°$

b) $P = R \cdot I_L^2 = 250W$

c)   Dreisatz: $I_G' = 11,66A$ oder: $Z = \dfrac{U_0}{I_G}$ und dann $I_G' = \dfrac{U_0'}{Z}$

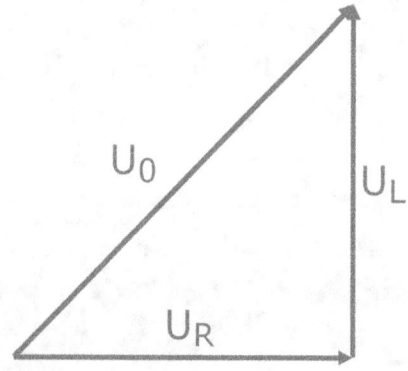

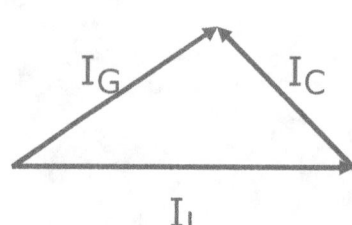

Aufgabe 5 (Klausur 07.02.1997)   16 Punkte

Gegeben sei die folgende Filterschaltung.

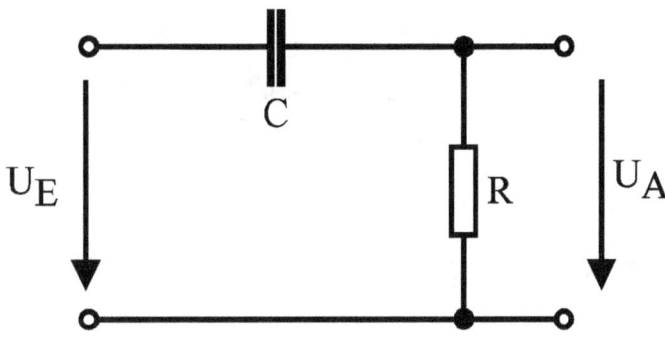

Werte: $U_E = 10V$, $R = 1k\Omega$, $C = 1\mu F$

a) Zeichnen Sie ein Zeigerdiagramm für die Spannungen und den sich ergebenden Strom für die Frequenz $f_1 = 159Hz$

b) Berechnen Sie die Ausgangsspannung U_A in Abhängigkeit der Frequenz und füllen Sie die nachstehende Tabelle aus!

f	X_C	U_A
0 Hz		
50 Hz		
159Hz		
250 Hz		

b) Tragen Sie die Werte in das untenstehende Diagramm ein!

c) Wie nennt man eine solche Schaltung?

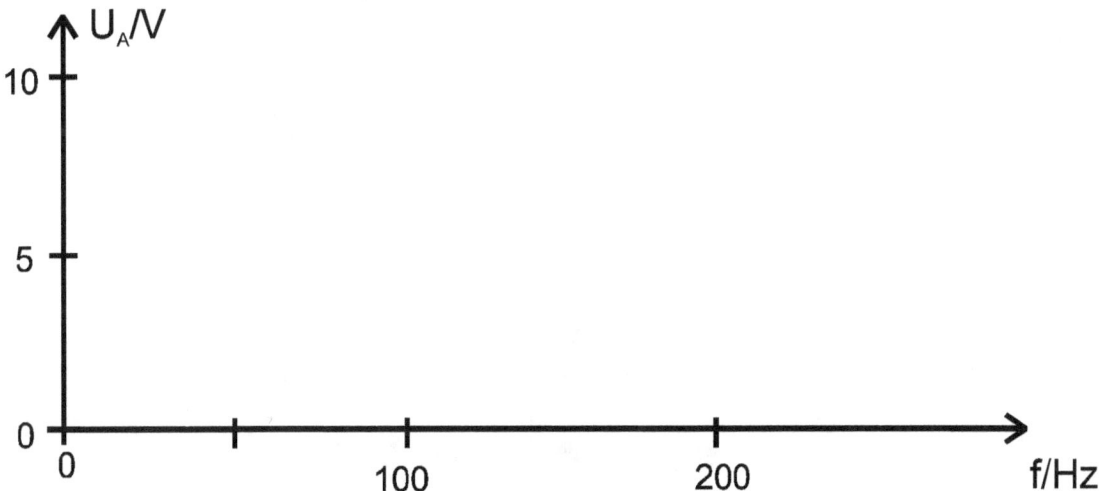

Aufgabe 5 (Klausur 27.06.1997)   15 Punkte

Gegeben sei die folgende Wechselstromschaltung.

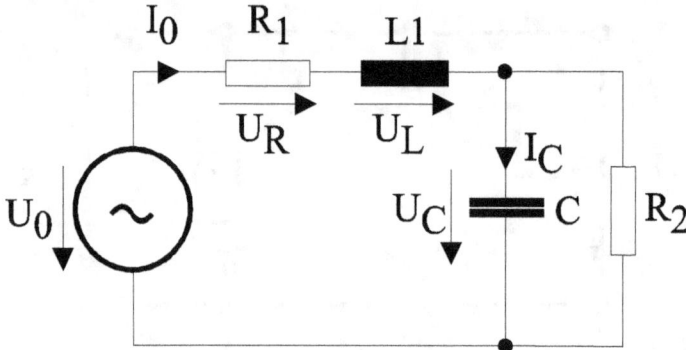

Werte: $I_C = 200mA$, $R_1 = 40\Omega$, $R_2 = 100\Omega$, $L_1 = 320mH$, $C = 16\mu F$, $f = 50Hz$

a) Ermitteln Sie mit Hilfe von Zeigerdiagrammen die Spannung U_0 an der Quelle sowie den von der Quelle abgegebenen Strom I_0 sowie deren Phasenwinkel zueinander!

b) Welche Wirkleistung nimmt die Schaltung auf?

Aufgabe 5 (Klausur 13.02.1998)   20 Punkte

Gegeben sei die folgende Wechselstromschaltung.

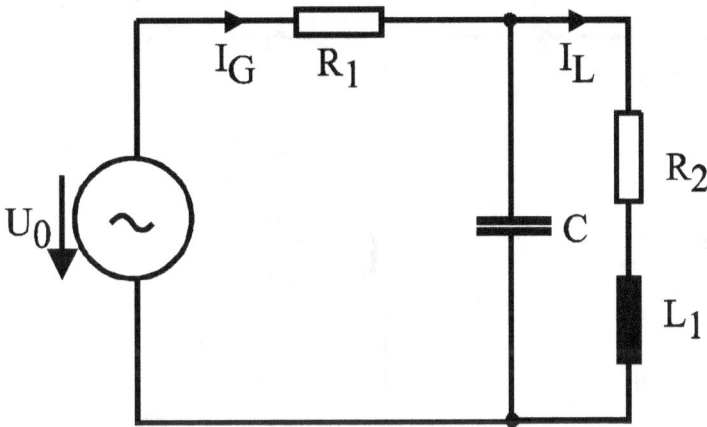

Werte: $I_L = 1A$, $R_1 = 100\Omega$, $R_2 = 100\Omega$, $L_1 = 160mH$, $C = 32\mu F$, $f = 50Hz$

d) Ermitteln Sie mit Hilfe von Zeigerdiagrammen die Spannung U_0 an der Quelle sowie den von der Quelle abgegebenen Strom I_G sowie deren Phasenwinkel zueinander!

e) Welche Wirkleistung nimmt die Schaltung auf?

Aufgabe 5 (Klausur 16.03.1998)   20 Punkte

Gegeben sei die folgende Wechselstromschaltung.

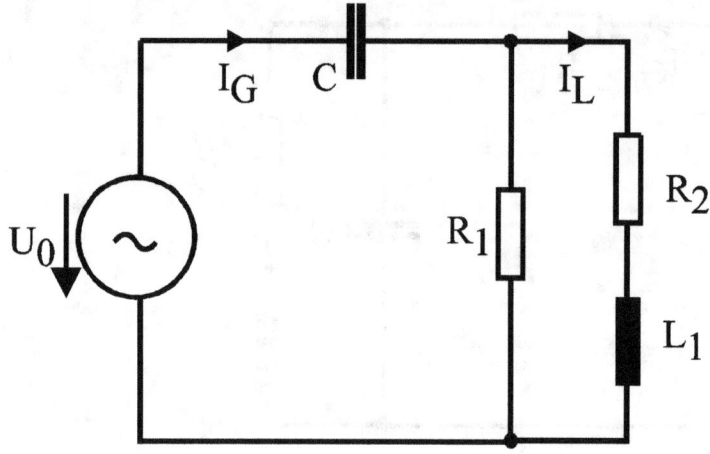

Werte: $I_L = 1A$, $R_1 = 100\Omega$, $R_2 = 100\Omega$, $L_1 = 160mH$, $C = 64\mu F$, $f = 50Hz$

a) Ermitteln Sie mit Hilfe von Zeigerdiagrammen die Spannung U_0 an der Quelle sowie den von der Quelle abgegebenen Strom I_G sowie deren Phasenwinkel zueinander!

b) Welche Wirkleistung nimmt die Schaltung auf?

Aufgabe 5 (Klausur 11.02.2000)   16 Punkte

Gegeben sei die folgende Wechselstromschaltung.

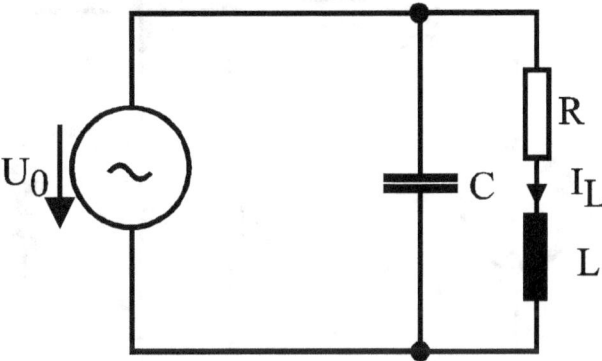

Werte: $I_L = 4A$, $R = 5\Omega$, $L = 32mH$, $C = 320\mu F$, $f = 50Hz$

a) Ermitteln Sie mit Hilfe von Zeigerdiagrammen die Spannung U_0 an der Quelle sowie den von der Quelle abgegebenen Strom I_0 sowie deren Phasenwinkel zueinander!

b) Welche Wirkleistung nimmt die Schaltung auf?

Aufgabe 5 (Klausur 26.06.1998)   21 Punkte

Gegeben sei die folgende Wechselstromschaltung.

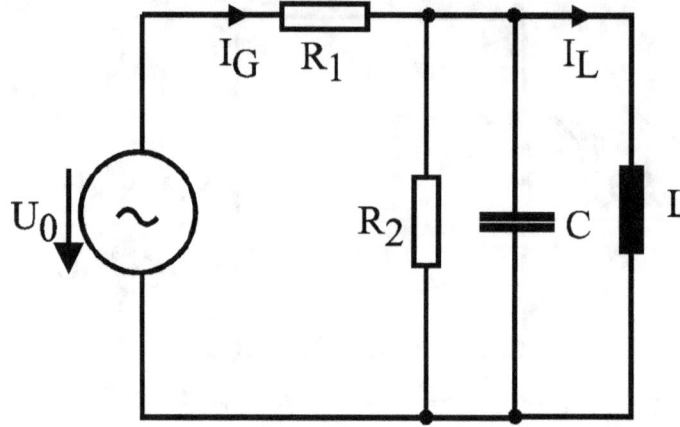

Werte: $I_L = 1A$, $R_1 = 100\Omega$, $R_2 = 100\Omega$, $L_1 = 160mH$, $C = 16\mu F$, $f = 50Hz$

a) Ermitteln Sie mit Hilfe von Zeigerdiagrammen die Spannung U_0 an der Quelle sowie den von der Quelle abgegebenen Strom I_G sowie deren Phasenwinkel zueinander!

b) Nun soll die Frequenz so geändert werden, dass die Schaltung keine Blindleistung mehr aufnimmt. Bestimmen Sie die erforderliche Frequenz!

c) Welche Wirkleistung nimmt die Schaltung dann auf?

Aufgabe 5 (Klausur 07.07.2000)   18 Punkte

Gegeben sei die folgende Wechselstromschaltung.

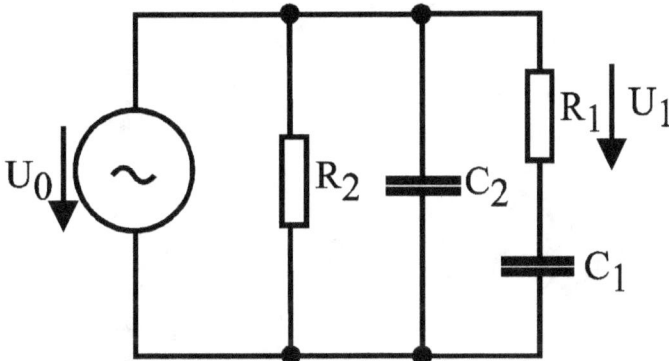

Werte: $U_1 = 50\,V$, $R_1 = R_2 = 100\,\Omega$, $C_1 = 64\,\mu F$, $C_2 = 32\,\mu F$, $f = 50\,Hz$

a) Ermitteln Sie mit Hilfe von Zeigerdiagrammen die Spannung U_0 an der Quelle sowie den von der Quelle abgegebenen Strom I_0 sowie deren Phasenwinkel zueinander!

b) Welche Wirkleistung nimmt die Schaltung auf?

Aufgabe 5 (Klausur 15.02.2002)   19 Punkte

Gegeben sei die folgende Wechselstromschaltung.

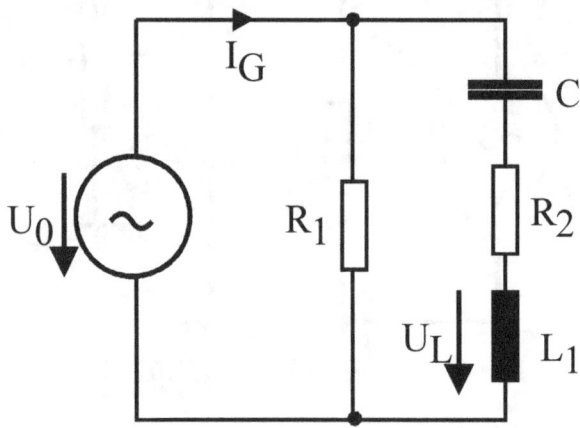

Werte: $U_L = 10V$, $R_1 = 100\Omega$, $R_2 = 100\Omega$, $L_1 = 320mH$, $C = 64\mu F$, $f = 50Hz$

c) Ermitteln Sie mit Hilfe von Zeigerdiagrammen die Spannung U_0 an der Quelle sowie den von der Quelle abgegebenen Strom I_G sowie deren Phasenwinkel zueinander!

d) Welche Blindleistung nimmt die Schaltung auf?

Aufgabe 6 (Klausur 10.07.1996)   16 Punkte

Gegeben sei eine Schaltung nach Bild 5.

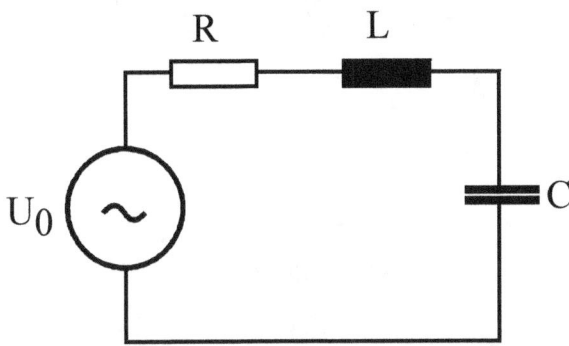

$$X_C = 10\Omega$$

$$X_L = 40\Omega$$

$$R = 40\Omega$$

$$U_0 = 200V, 50Hz$$

Bild 5

a) Wie groß ist die Spitzenspannung am Kondensator?

Hinweis: Versuchen Sie zunächst, den Strom in der Schaltung zu ermitteln!

b) wie muss die Frequenz der Versorgungsspannung geändert werden, so daß die Schaltung nur noch Wirkleistung aufnimmt?

c) Wie groß ist diese Wirkleistung?

Lösung:

a) $Z = \sqrt{(R^2 + (X_L - X_C)^2)} = \sqrt{(40^2 + 30^2)}Ohm = 50 Ohm$
$I = U_0/Z = 200V/50 Ohm = 4A$
$U_C = I \cdot X_C = 4A \cdot 10 Ohm = 40V$
$\hat{U}_C = \sqrt{2} \cdot 40V = 56,6V$

b) X_L muss gleich X_C werden! Da L und C unveränderlich sind ändern sich X_L und X_C mit der Frequenz. Aus X_L und X_C bei 50Hz können zunächst L und C bestimmt werden: $L = X_L/\omega = 0,127H$ und $C = 1/(\omega X_C) = 320\mu F$. Dies wird nun in $X_L = X_C$ eingesetzt, um die gesuchte Frequenz f_0 zu bestimmen: $\omega_0 \cdot L = 1/(\omega_0 C) \Rightarrow \omega_0^2 = 1/(LC)$ bzw. $f_0^2 = 1/((2\pi)^2 LC) = 25Hz$

c) $P = U_0^2/R = (200V)^2/40 Ohm = 1kW$

Aufgabe 3 Klausur (10.07.1996)   12 Punkte

Gegeben sei ein Spannungsteiler bestehend aus zwei Widerständen.

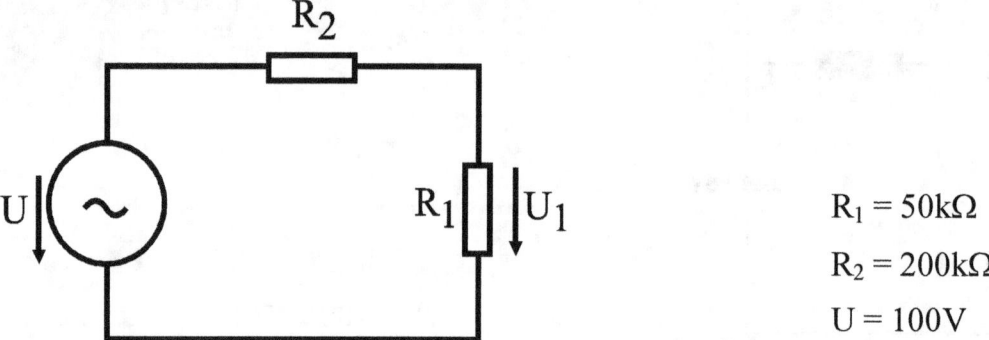

$R_1 = 50k\Omega$

$R_2 = 200k\Omega$

$U = 100V$

a) Berechnen Sie die Spannung U_1

Nun soll diese Spannung mit einem Messinstrument gemessen werden, das einen Aufdruck R_i = 10kOhm/V trägt.

b) Zeichnen Sie die Schaltung, wie das Messinstrument anzuordnen ist

c) Bestimmen Sie die angezeigte Spannung, wenn das Messinstrument so eingestellt ist, dass der Vollausschlag sich bei 30V einstellen würde. Geben Sie den sich ergebenden Messfehler in % an!

Lösung:

a) $U_1 = R_1/(R_1+R_2) \cdot U = 50k\Omega/250k\Omega \cdot U = 20V$

b) Voltmeter parallel zu R_1 schalten.

c) Der Innenwiderstand des Messinstrumentes R_M beträgt im 30V-Bereich 300kΩ. Er liegt parallel zu R_1, also muss in der Formel unter a) der Widerstand R_1 durch die Parallelschalung von R_1 und R_M ersetzt werden: $R_P = 50\cdot300/(50+300)\ k\Omega = 42,9k\Omega$.

d) Somit ergibt sich U_1 gemäß der Formel unter a) zu 17,65V. Der prozentuale Fehler beträgt also 11,75%.

Aufgabe 6 (Klausur 12.02.1999)   11 Punkte

An das 230V-Netz sind zwei Verbraucher angeschlossen: ein Motor und eine Lampe. Der Motor gibt eine mechanische Leistung von 500W ab bei einem Wirkungsgrad von 80%. Die Lampe ist mit 300W spezifiziert. In der Zuleitung wird ein Strom von 5A gemessen.

a) Bestimmen Sie die aus dem Netz entnommene Blindleistung.

b) Ermitteln Sie den Wert für $\cos\varphi$ **des Motors**!

Ergebnisse:

a) 683 var

b) S_{Motor} = 926VA, $\rightarrow$ $\cos\varphi$ = 0,67

Aufgabe 6 (Klausur 05.02.1996)   20 Punkte

In der Schaltung nach Bild ist die Spannung U_C gegeben.

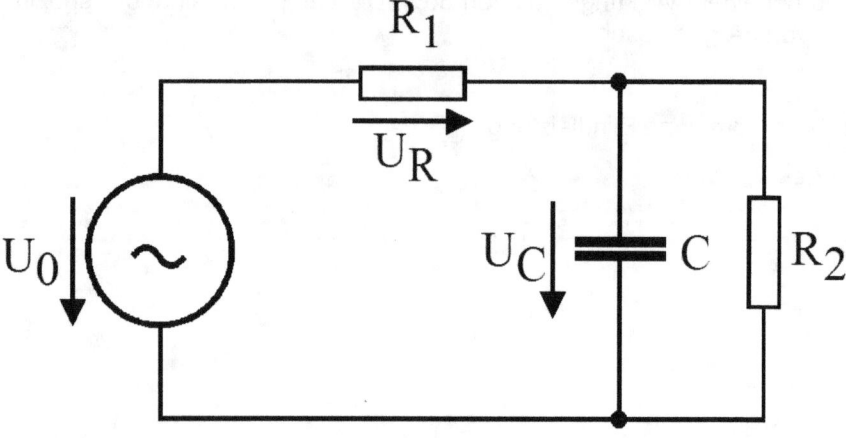

$C = 16\mu F,\ R_1 = 50\Omega,\ R_2 = 100\Omega,\ U_C = 5V,\ 50Hz$

Ermitteln Sie auf zeichnerischem Weg die Größe der Spannung U_0 und deren Phasenwinkel in Bezug auf die Spannung U_C!

Ergebnisse:

$U_0 = 7,6V;\ \varphi = 9°$

Aufgabe 3 (Klausur 05.02.1996)   19 Punkte

An einer Schaltung gemäß Bild 3.1 werden mit Hilfe eines Oszilloskops die Spannungen U_R und U_C gemessen. Der Verlauf dieser Spannungen ist auf dem in Bild 3.2 dargestellten Bildschirm des Oszilloskops wiedergegeben.

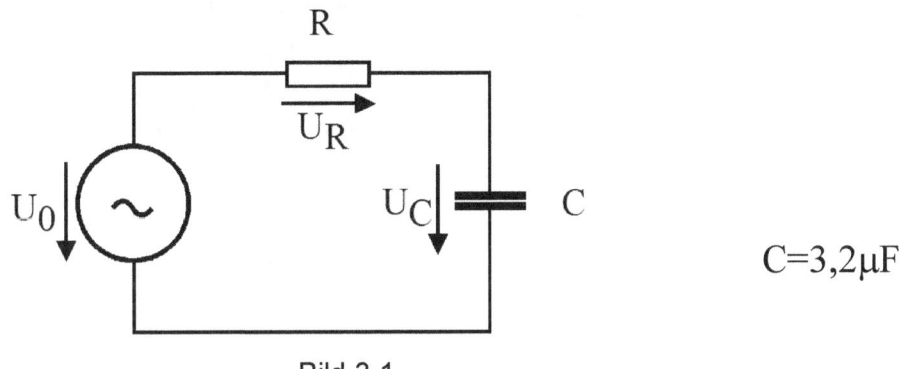

$C = 3,2\mu F$

Bild 3.1

2V/DIV 0,5ms/DIV

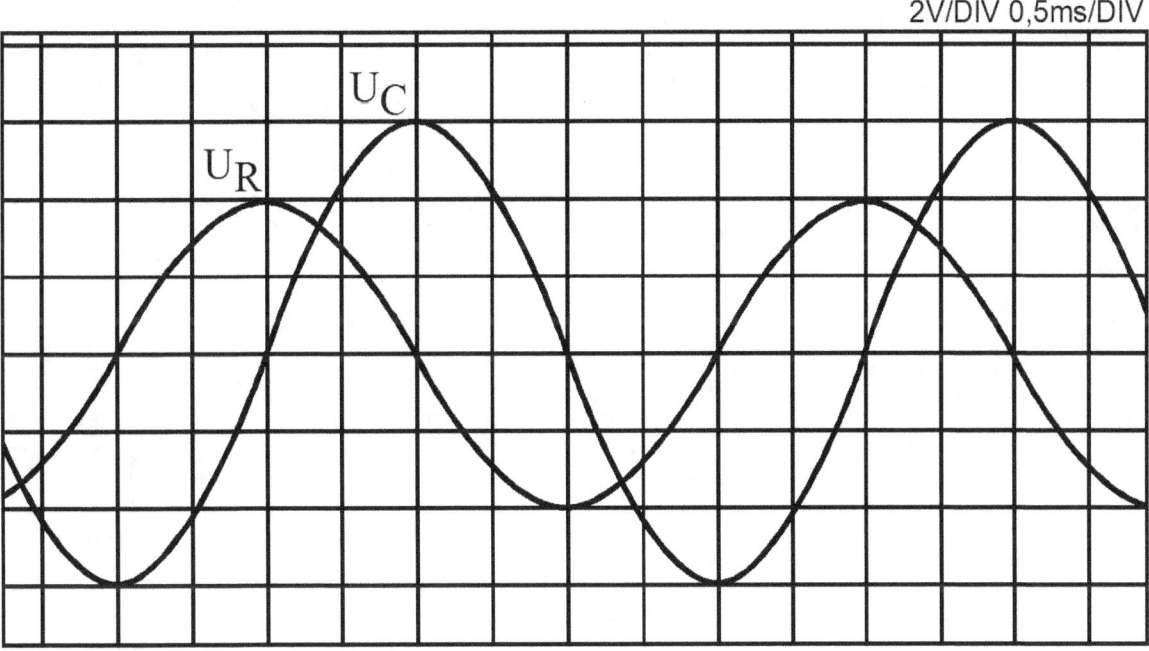

Bild 3.2

Gegeben ist nur das Oszillogramm und die Kapazität des Kondensators. Bei der Aufnahme des Oszillogramms standen die Wahlschalter in den Positionen: 2V/DIV und 0,5ms/DIV.

a) Berechnen Sie die im Widerstand R aufgenommene Leistung!

b) Berechnen Sie die Spannung U_0 der Quelle!

Lösungshinweis: Versuchen Sie zunächst den Stromfluss in der Schaltung zu ermitteln!

Ergebnisse:

a) P(R) = 60,3mW

b) $U_0 = 5{,}1V$

Aufgabe 3 (Klausur 22.03.1996)   30 Punkte

Ein Glühbirnchen mit dem Aufdruck 24V, 2,4W soll über einen Vorwiderstand an 60V Wechselspannung mit seiner Nennleistung betrieben werden. Hierzu wird ein Vorwiderstand in Reihe zu dem Birnchen geschaltet.

a) Berechnen Sie den Wirkungsgrad!

Nun wird anstelle des Vorwiderstands ein Kondensator in Reihe geschaltet.

b) Berechnen Sie die für einen Betrieb des Birnchens mit Nennleistung erforderliche Kapazität!

c) Wie groß ist nun der Wirkungsgrad?

d) Welche Blindleistung nimmt die Gesamtschaltung nun auf?

e) Bestimmen Sie den $\cos\varphi$!

f) Welche Spannungsfestigkeit muss der Kondensator besitzen?

Hinweis: Zeichnen Sie zunächst jeweils die Schaltung!

Ergebnisse:

a) $\eta = 40\%$

b) $C = 5,8\mu F$

c) $\eta = 100\%$

d) $Q = 5,5var$

e) $\cos\varphi = 0,4$

f) $\hat{u}_C = 77,8V$

Aufgabe 6 (Klausur 22.03.1996)   18 Punkte

Gegeben sei eine Schaltung nach Bild 5.

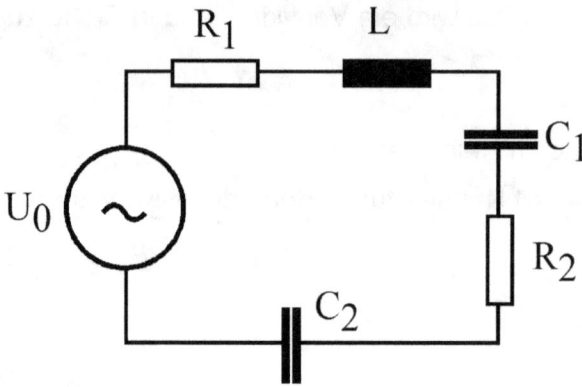

$$X_{C1} = 10\,\Omega$$
$$X_{C2} = 20\,\Omega$$
$$X_L = 60\,\Omega$$
$$R_1 = 10\,\Omega$$
$$R_2 = 20\,\Omega$$
$$U_0 = 100\,V$$

Bild 5

a) welche Wirkleistung nimmt die Schaltung auf?

Hinweis: Versuchen Sie zunächst, den Strom in der Schaltung zu ermitteln!

b) wie muss der induktive Widerstand X_L geändert werden, so dass die Schaltung nur noch Wirkleistung aufnimmt?

c) Wie groß ist diese Wirkleistung?

Ergebnisse:

a) $P = 166\,W$

b) $X_L = 30\,\Omega$

c) $P = 333\,W$

Aufgabe 6 (Klausur 10.07.2007)   7 Punkte

Gegeben ist eine Schaltung bestehend aus einer Spule und einem Kondensator, deren Wechselstromwiderstände bekannt sind. An den Eingang der Schaltung wird eine sinusförmige Wechselspannung von 10V angelegt. Die Ausgangsklemmen sind offen.

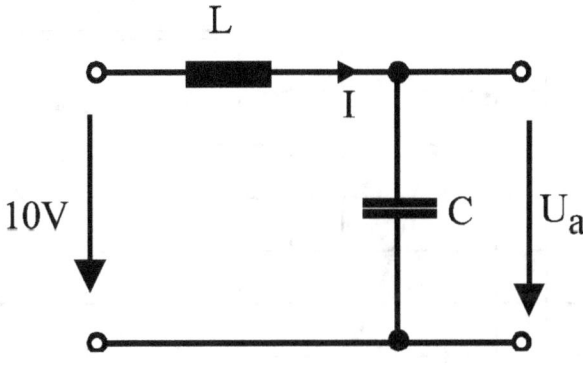

Werte: $U_e = 10V$, $X_L = 25\Omega$, $X_C = 20\Omega$

a) Berechnen Sie den Strom I

b) Berechnen Sie die Ausgangsspannung U_a.

c) Wie erklären Sie sich den überraschenden Effekt? (ergibt 2 Zusatzpunkte)

──────────

Lösung.

a) $I = \dfrac{U}{Z} = \dfrac{U}{\sqrt{(X_L - X_C)^2}} = \dfrac{10V}{5\Omega} = 2A$

b) $U_a = X_C \cdot I = 20\Omega \cdot 2A = 40V$

c) Resonanzüberhöhung (Spannung von C und L sind gegenphasig und heben sich nach außen hin teilweise auf.)

Aufgabe 6 (Klausur 02.10.1996)   16 Punkte

Mit Hilfe eines Oszilloskops wird an einer **Reihenschaltung aus Widerstand und Kondensator** das folgende Oszillogramm gemessen. Die Schalterstellung der Eingangsempfindlichkeit war hierbei auf 2V/DIV und die Zeitablenkung auf 1ms/DIV eingestellt. Die Kurve stellt die am Widerstand gemessene Spannung dar.

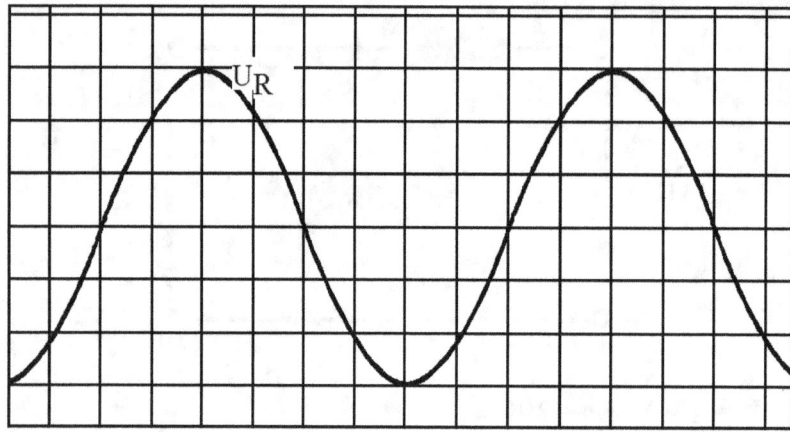

Werte: $R = 100 \text{Ohm}$, $C = 19 \text{uF}$

a) Wie groß ist die Frequenz der Wechselspannung? $f = 1/T = 1/8\text{ms} = 125\text{Hz}$

b) Wie groß ist die vom Widerstand aufgenommene Leistung?

$$P = U^2/R = \hat{u}^2/2R = (6V)^2/200\Omega = 0{,}18W$$

c) Zeichnen Sie die Spannung am Kondensator in das **obere** Diagramm ein!

$$X_C = 1/\omega{*}C = 1/(2\pi{*}125\text{Hz}{*}19\mu F) = 67\Omega$$

$$\hat{U}_C = \hat{\imath}_C{*}X_C = (X_C/R){*}\hat{U}_R \text{ mit } \hat{\imath}_C = \hat{U}_R/R$$

$$= 0{,}67{*}6V = 4V$$

Nun wird die Schalterstellung an dem Oszilloskop verändert: Die Spannungseinstellung wird auf 3V/DIV und die Zeitablenkung auf 2ms/DIV gestellt.

d) Zeichnen Sie nun die Spannung am Widerstand in das **untere** Diagramm ein!

Hinweis: Der letzte Aufgabenteil kann auch dann bearbeitet werden, wenn die anderen Teile nicht gelöst wurden!

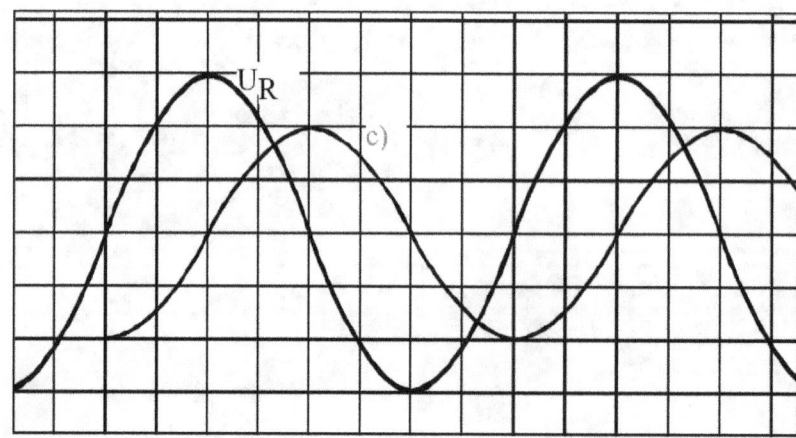

Aufgabe 6 (Klausur 25.06.1999)   8 Punkte

Gegeben ist die Zusammenschaltung von drei idealen, verlustlosen Transformatoren. Die Windungszahlenverhältnisse sind bei den jeweiligen Trafos angegeben.

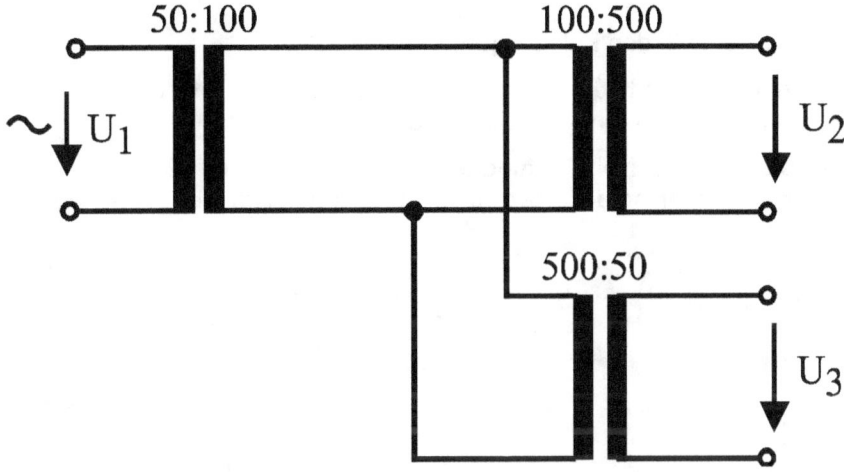

Werte: $U_1 = 230V$

c) Bestimmen Sie die Spannungen U_2 und U_3!

d) Nun wird die Spannung U_3 mit einem Widerstand von 50Ω belastet. Welcher Strom wird nun auf der 230V- Seite aufgenommen?

Ergebnisse:

a) 2,3kV

    46V

b) 184mA

Aufgabe 6 (Klausur 06.02.2013)   8 Punkte

Ein Asynchronmotor wird an einem dreiphasigen 400V- Netz (Außenleiterspannung) mit 50 Hz betrieben. Er hat die Daten: mechanische Nennleistung: 2kW, Wirkungsgrad η=85%, cosφ=0,8, Polpaarzahl 2.

d) Berechnen Sie den Strom I in den Zuleitungen.

e) Wenn der Motor 8h am Tag und 20 Tage im Monat betrieben wird, welche elektrische Betriebskosten verursacht der Motor dann pro Monat (Kosten für die kWh: 0,20€?

f) Welche Drehzahl stellt sich bei Nennleistung ein? (Hinweis: Nehmen Sie an, die Statorverluste des Motors sind vernachlässigbar, so dass der Schlupf aus den Leistungen berechnet werden kann.)

Lösung:

a) $P\_el = P\_Mech/\eta = 2kW/0,85 = 2,35kW$

$$S = \frac{P_{el}}{\cos\varphi} = 2,94kW$$

$$I = \frac{S}{\sqrt{3}\cdot U} = 4,24A$$

b) $K = 160h\cdot 2,35kW\cdot 0,2€/kWh = 75,20€$

c) $P_{mech} = (1\text{-}s)\cdot P_{el} \Rightarrow 1 - s = \frac{P_{el}}{P_{Mech}} = \eta$

$\Rightarrow s = 1 - \eta = 15\%$

$n_S = f/p = 1500min^{-1}$

$n = (1 - s)\cdot n_S = \eta \cdot n_S = 0,85\cdot 1500min^{-1} = 1275min^{-1}$

Aufgabe 2 (Klausur 05.02.1996)   18 Punkte

Gegeben sei die nachstehend abgebildete Schaltung für ein Steckernetzteil.

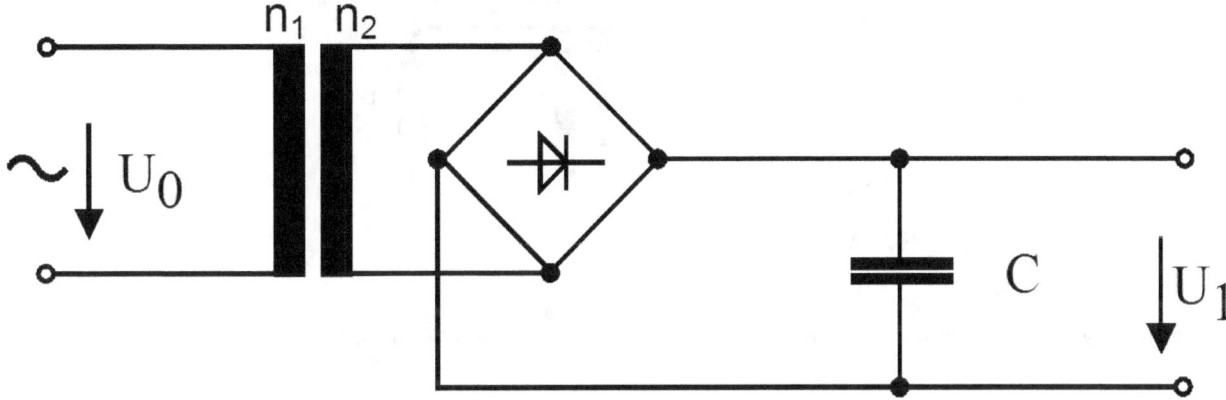

Werte: Netzspannung: U_0=230V, n_1=300, n_2=15

a) Berechnen Sie die Leerlaufspannung des Netzteils (Spannung U_1) unter Vernachlässigung des Spannungsabfalls an den Dioden!

b) Jemand schließt einen Belastungswiderstand von 1kΩ an die Ausgangsseite an. Nun wird der Stecker aus der Steckdose gezogen (U_0=0). Nach welcher Zeit ist die Ausgangsspannung auf 10% der vorher anliegenden Spannung gesunken (Der Kondensator habe eine Kapazität von 250µF)?

Hinweis 1: Aufgabenteil b) kann auch gelöst werden, wenn Unterpunkt a) nicht gelöst wurde!

Hinweis 2: Zur Lösung von Unterpunkt a) mag es helfen, zunächst die Spannung U_1 ohne Vorhandensein eines Kondensators zu zeichnen.

Ergebnisse:

a) U_1 = 16,26V

b) t = 0,576s

Aufgabe 2 (Klausur 02.10.1996)   7 Punkte

Gegeben sei eine Schaltung aus einem idealen Transformator und einem Widerstand.

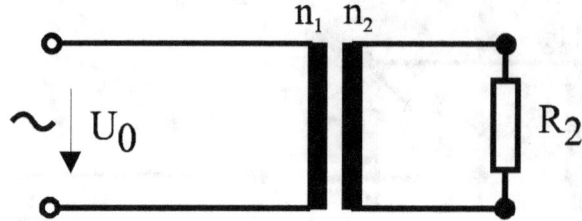

Werte: $U_0 = 10V$, $R_2 = 4\Omega$, $n_2 = 500$

Wie groß muss n_1 sein, damit der Widerstand R_2 eine Leistung von 100W aufnimmt?

Lösung:

$P_2 = U_2^2/R_2 \Rightarrow U_2^2 = P_2 * R_2 = 100W * 4\Omega = 400V^2$

$U_2 = 20V$

$U_0/U_2 = n_1/n_2 \Rightarrow n_1 = (U_0/U_2) * n_2 = (10V/20V) * 500 = 250$

Aufgabe 6 (Klausur 07.02.1997)   10 Punkte

Ein 3-Phasen Synchronmotor mit der Polpaarzahl 2 gibt bei Betrieb mit 400V Außenleiterspannung bei 50Hz ein Moment von 100Nm ab. Dabei wird ein cosφ von 0,8 bei einem Wirkungsgrad von 90% gemessen.

Berechnen Sie den Strom in der Zuleitung!

Aufgabe 6 (Klausur 27.06.1997)   8 Punkte

Gegeben sei eine Schaltung aus zwei idealen Transformatoren. Die Primärspannung U_1 betrage 115V.

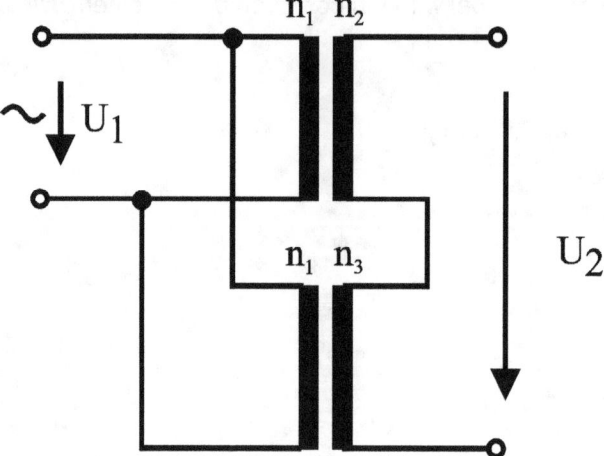

Werte: $n_1 = 330$, $n_2 = 220$, $n_3 = 440$, $U_1 = 115V$

a) Wie groß ist die Spannung U_2?

b) Wenn man die Schaltung mit Hilfe nur eines Transformators aufbauen wollte, der Sekundärseitig (Ausgangsseite) eine Windungszahl von $n_2' = 300$ hat, wie groß müßte dann die Windungszahl n_1' auf der Primärseite sein?

c) Auf der Sekundärseite wird ein Strom von 1A entnommen. Welcher Strom fließt dann auf der Primärseite?

Aufgabe 6 (Klausur 07.07.2000)   5 Punkte

Gegeben ist eine Schaltung mit einem idealen Transformator.

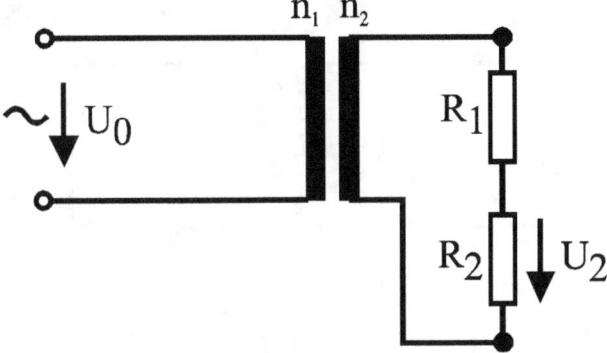

Werte: $U_2 = 30V$, $R_1 = 10\Omega$, $R_2 = 60\Omega$, $n_1 = 1000$, $n_2 = 200$

Gegeben ist die Spannung U_2 am Widerstand R_2.

Berechnen Sie die Spannung U_0.

Aufgabe 6 (Klausur 15.02.2002)   8 Punkte

Gegeben sei die folgende Transformatorschaltung mit zwei **idealen** Transformatoren, die auf der Primärseite parallel und auf der Sekundärseite in Reihe geschaltet sind.

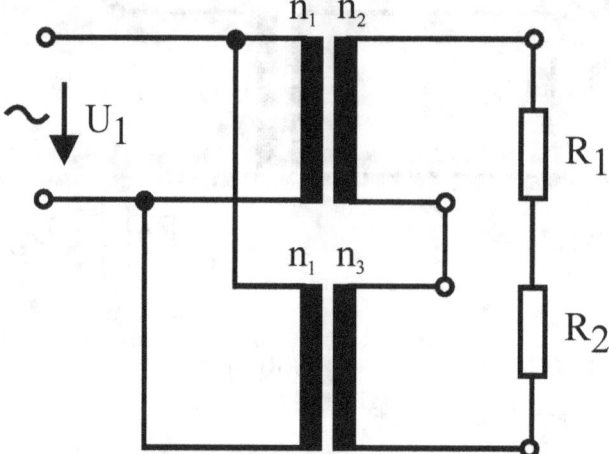

Werte: $U_1 = 230V$, $R_1 = 100\Omega$, $R_2 = 500\Omega$, $n_1 = 1150$, $n_2 = 200$, $n_3 = 100$

a) Welche Leistung nehmen die beiden Widerstände in Summe auf?

b) Welcher Strom fließt auf der Primärseite?

Aufgabe 6 (Klausur 11.02.2000, nur 08-HF-02)   12 Punkte

Gegeben ist die Kennlinie einer 3-Phasen Asynchronmaschine mit einer Nenndrehzahl von n_N = 1350 min^{-1} und einer Nennspannung von 400V. Das Nennmoment beträgt 50Nm.

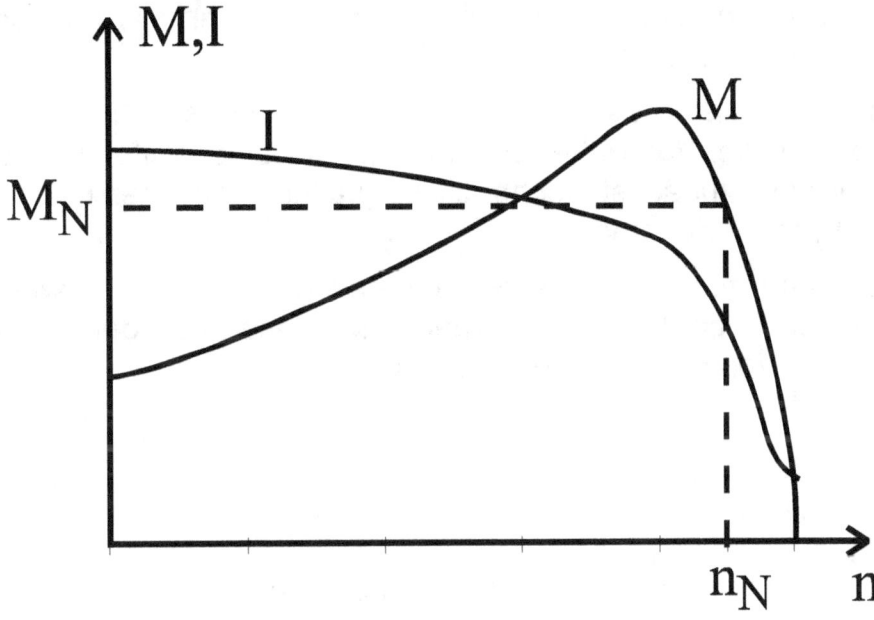

Werte: n_N = 1350 min^{-1}, U_N = 400V, M_N = 50Nm, f = 50Hz

a) Bestimmen Sie die abgegebene (mechanische) Leistung P_{mech}.

b) Wie groß ist der Wirkungsgrad?

c) Welcher Strom fließt jeweils in den Phasen, wenn der $\cos\varphi$ = 0,8 beträgt?

d) Welchen Strom zieht die Maschine bei Anlauf aus dem Stillstand?

e) Welche Poolpaarzahl hat die Maschine?

Nachwort

Sie haben das Ende der Aufgaben erreicht. Sollten Ihnen bei der Aufgabensammlung Fehler aufgefallen sein, können Sie mir gerne eine entsprechende Email mit einem entsprechenden Hinweis senden. In einer redigierten Ausgabe werde ich dann die Korrektur vornehmen.

Die Ergebnisse sind allerdings mehrfach überprüft, so dass ich höchstens „redaktionelle" Fehler erwarte. Von daher bitte ich Sie, vor einer Mitteilung von „Fehlern" in den Ergebnissen, zunächst nochmals sorgfältig nachzudenken, ob Sie nicht doch auf mein Ergebnis kommen.

Falls in der Zwischenzeit bereits Fehler aufgefallen und gemeldet wurden, aber in dieser Auflage noch nicht korrigiert wurden, sind diese unter der „Errata"-Adresse zu finden, die ganz vorne im Buch abgedruckt ist.

Mailadresse:

Books@GSchmitz.de

Nun wünsche ich Ihnen ein erfolgreiches Bestehen Ihrer Klausuren.

Günter Schmitz

Der Stoff zu dieser Klausursammlung wurde vom gleichen Autor als Buch „Elektrotechnik für Ingenieurstudenten" sowie auch in Form von eBooks veröffentlicht.

Der Autor hat ebenfalls Bücher zur Elektronik veröffentlicht.

Eine Übersicht zu den eBooks und gedruckten Büchern findet sich unter:

http://gschmitz.de/ebooks

www.ingramcontent.com/pod-product-compliance
Lightning Source LLC
Chambersburg PA
CBHW081259170526
45165CB00011B/3353